U0386168

烘焙快乐厨房

黎国雄烘焙教室

黎国雄 ◎ 主编

黑龙江科学技术出版社
HEILONGJIANG SCIENCE AND TECHNOLOGY PRESS

图书在版编目（CIP）数据

黎国雄烘焙教室 / 黎国雄主编. -- 哈尔滨 ： 黑龙江科学技术出版社，2018.1
（烘焙快乐厨房）
ISBN 978-7-5388-9409-7

Ⅰ．①黎… Ⅱ．①黎… Ⅲ．①烘焙－糕点加工 Ⅳ.①TS213.2

中国版本图书馆CIP数据核字(2017)第273189号

黎 国 雄 烘 焙 教 室
LIGUOXIONG HONGBEI JIAOSHI

主　　编	黎国雄
责任编辑	马远洋
摄影摄像	深圳市金版文化发展股份有限公司
策划编辑	深圳市金版文化发展股份有限公司
封面设计	深圳市金版文化发展股份有限公司
出　　版	黑龙江科学技术出版社
	地址：哈尔滨市南岗区公安街70-2号　邮编：150007
	电话：（0451）53642106　传真：（0451）53642143
	网址：www.lkcbs.cn
发　　行	全国新华书店
印　　刷	深圳市雅佳图印刷有限公司
开　　本	685 mm×920 mm　1/16
印　　张	13
字　　数	120千字
版　　次	2018年1月第1版
印　　次	2018年1月第1次印刷
书　　号	ISBN 978-7-5388-9409-7
定　　价	39.80元

Preface
前言

在家做烘焙，是一种乐趣。面粉、鸡蛋、黄油、糖这些看似简单的配料，通过巧妙的搭配，总能带来奇迹般的变化。看着它们在自己的手中变成了美味香甜的蛋糕，美妙小巧的饼干，香甜可口的泡芙，经典百搭的司康、小面包，或是精致的派、挞，再与家人和朋友一起分享，心中总会感到无限满足。

很多人站在烘焙世界的大门外迟迟不敢向前，担心自己缺乏烘焙的常识，害怕烘焙的手法过于繁琐。每次路过甜品店，轻而易举地就被各种新鲜出炉的香气所吸引。多次幻想着，要用自己的双手来为爱的人做面包，却被繁复的步骤吓退。其实实践过才知道，烘焙远没有想象的那么复杂。本书精心挑选了几十款常见的超人气烘焙点心，让新手的你、"选择困难症"的你，或是烘焙高手的你，都能轻松选择中意的类型，体验家庭烘焙的温馨和欢乐。

本书为你介绍了烘焙的基本材料、工具和模具，以及烘焙过程中的常见问题，让你在接下来的操作中能轻松上手。书中所列点心都有详细的制作方法、操作步骤图，并配有精美的成品大图和二维码视频，只需扫一扫二维码，就能跟着视频轻松学做各种点心，有声视频教学，给你全新的阅读和视听体验。

当指尖感受着面粉的柔软，厨房飘逸的全是糕点的香气，等待着充满烘焙光泽、造型各异的饼干和面包出炉时，是不是也有一抹浓浓的幸福在你的心底化开？翻开本书，各种香醇甜蜜的糕点将带你领略各式做法，每一天都可以放松沉浸在美好的烘焙世界里。

Contents
目录

Part 1 烘焙基础篇

Part 2 恋恋不忘的手工饼干

Part 3 充满幸福感的美味蛋糕

Part 4 香味四溢的松软面包

Part 5 下午茶相配的花样西点

Part 1

烘焙基础篇

烘焙食品不仅营养丰富，且款式多样，又以轻松多变的制作方式进驻世界上大大小小的厨房。烘焙食品备受消费者喜爱，在人们的生活中占有极为重要的地位。本章将烘焙的基本工具与材料及各种技法一一道来，让读者入门即见真章。

常见的基础工具

01 烤箱

烤箱在家庭中使用时，一般情况下都是用来烤制一些饼干、点心和面包等食物。烤箱是一种密封的电器，同时也具备烘干的作用。

02 擀面杖

擀面杖是一种用来压制面条、面皮的工具，多为木制。一般长而大的擀面杖用来擀面条，短而小的擀面杖用来擀饺子皮等。

03 电动搅拌器

电动搅拌器包含一个电机身，还配有打蛋头和搅面棒两种搅拌头。电动搅拌器可以使搅拌的工作变得更加快捷，使材料拌得更加均匀。

04 手动搅拌器

手动搅拌器是烘焙时必不可少的工具之一，可以用于打发蛋白、黄油等，制作一些简易小蛋糕，但使用时费时、费力。

05 电子秤

电子秤，又叫电子计量秤，适合在西点制作中用来称量各式各样的粉类（如面粉、抹茶粉等）、细砂糖等需要准确称量的材料。

06 ▶ 蛋糕纸杯

蛋糕纸杯是在做小蛋糕时使用的。使用相应形状的蛋糕纸杯能够做出相应的蛋糕形状，适合用于制作儿童喜爱的小糕点。

07 ▶ 面包机

面包机是指放置好材料启动程序可以自动完成和面、发酵和烘焙等一系列工序的机器。

08 ▶ 玻璃碗

玻璃碗是指玻璃材质的碗，主要用来放置食物原料，同时也可以用来打发鸡蛋或搅拌面粉、砂糖、油和水等。制作西点时，至少要准备两个以上的玻璃碗。

09 ▶ 面粉筛

面粉筛一般由不锈钢制成，是用来过滤面粉和其他粉类的烘焙工具。面粉筛底部呈漏网状，可以用于过滤面粉中颗粒不均的粉类，使烘焙的成品口感更加细腻。

10 ▶ 刮板

刮板又称面铲板，造型小巧，是制作面团后用来刮净盆子或面板上剩余面团的工具，也可以用来切割面团及修整面团的四边。

11 烘焙油纸

烘烤食物时，将烘焙油纸垫在烤盘上可以防止食物粘在模具上导致清洗困难。做饼干或蒸馒头时也可以把烘焙油纸置于底部，保证食品干净卫生。

12 长柄刮板

长柄刮板是一种长柄软质工具，主要用于将各种材料拌匀，便于将材料和面糊刮取干净，是西点制作中不可缺少的利器。

13 饼干模

饼干模有硅胶、铝合金等材质，造型多样款式精致，主要用于制作压制饼干及各种水果酥，是使饼干快速成形的模具。

14 吐司模

吐司模，是制作吐司必备的烘焙工具。其大小规格多样，一般为长方形，有带盖及不带盖两种类型。为了使用方便，可以选购金色防粘的吐司模。

15 裱花袋

裱花袋是用于装饰蛋糕的工具，一般为透明的胶质。将制好的烘焙材料装入其中，在其尖端剪下一角，就能够挤出烘焙所需的材料用量、形状。

16 ▶ 各式花嘴

不同的花嘴可以挤出不同形状的点心，还可用于蛋糕上奶油花纹的装饰。

17 ▶ 量杯

量杯的杯壁上一般都有容量标示，可以用来量取材料，如水、奶油等。但要注意读数时的刻度，量取时还要恰当地选择适合的量程。

18 ▶ 量匙

量匙是在烘焙时用于精确计量配料克数的工具。量匙的规格大同小异，通常是塑料材质或不锈钢材质的带柄浅勺，有 6 个一组的，也有 5 个一组的。

19 ▶ 毛刷

毛刷是制作主食时用来刷液的用具，尺寸比较多样。在做点心和面包的时候，为增添食物的光泽感，需要在烘焙之前给食物刷一层油脂或蛋液。

20 ▶ 蛋糕脱模刀

蛋糕脱模刀是蛋糕脱模时用来分离蛋糕和蛋糕模具的小刀，长为 20 ～ 30 厘米，一般由塑料或不锈钢制成，不会损伤模具。用蛋糕脱模刀紧贴蛋糕模壁轻轻地划一圈，倒扣蛋糕模即可使蛋糕与蛋糕模分离。

21 ▶ 戚风蛋糕模

戚风蛋糕模是制作戚风蛋糕的必备工具，一般为铝合金材质，圆筒形状，模具本身带有磨砂感。

22 ▶ 蛋挞模

蛋挞模主要用于制作普通蛋挞或葡式蛋挞。一般选择铝模，压制效果比较好，烤出来的蛋挞成品口感也较好。

23 ▶ 蛋糕转盘

蛋糕转盘一般为铝合金材质。在制作蛋糕后用抹刀涂抹蛋糕坯时，蛋糕转盘可供我们边涂边抹边转动，在制作蛋糕时能够节省时间。

24 ▶ 奶油抹刀

奶油抹刀一般用于蛋糕裱花时涂抹奶油或抹平奶油，或在食物脱模的时候分离食物和模具。一般情况下，有需要刮平和抹平的地方，都可以使用奶油抹刀。

25 ▶ 齿形面包刀

齿形面包刀形如普通厨具小刀，但是刀面带有齿锯，齿锯较粗的用来切吐司面包，齿锯较细的用来切蛋糕。

常见的基础材料

01 ▶ 高筋面粉

高筋面粉的蛋白质含量在 12.5% ～ 13.5%，色泽偏黄，颗粒较粗，不容易结块，比较容易产生筋性，适合用来做面包、千层酥等。

02 低筋面粉

低筋面粉的蛋白质含量在 8.5%，色泽偏白，因为低筋面粉没有筋力，所以常用于制作蛋糕、饼干等。

03 中筋面粉

中筋面粉即普通面粉，蛋白质含量在 8.5% ～ 12.5%，颜色为乳白色，介于高、低筋面粉之间，粉质半松散，多用于中式点心的制作。

04 泡打粉

泡打粉，又称发酵粉，是一种膨松剂，一般都是由碱性材料配合其他酸性材料，并以淀粉作为填充剂组成的白色粉末。

05 酵母

酵母是一种天然膨大剂，它能够把糖发酵成乙醇和二氧化碳，属于比较天然的发酵剂，能够使做出来的包子、馒头等味道纯正、浓厚。

06 塔塔粉

塔塔粉是一种酸性的白色粉末，用来中和蛋白的碱性，帮助蛋白泡沫的稳定性，并使材料颜色变白，常用于制作戚风蛋糕。

07 全麦面粉

全麦面粉是由全粒小麦经过加工工序获得的粉类物质，比一般面粉粗糙，麦香味浓郁，主要用于面包和西点的制作。

08 绿茶粉

绿茶粉是一种细末粉状的绿茶，它在最大限度下保持茶叶原有营养成分，可以用来制作蛋糕、绿茶饼等。

09 可可粉

可可粉是可可豆经过各种工序加工后得出的褐色粉状物。可可粉有其独特的香气，可用于制作巧克力、饮品、蛋糕等。

10 糖粉

糖粉一般为洁白色的粉末状，颗粒非常细小，可直接用粉筛过筛到在西点和蛋糕上作装饰食用。

11 ▶ 细砂糖

细砂糖是一种结晶颗粒较小的糖，因为其颗粒细小，通常用于制作蛋糕或饼干。适当的食用细砂糖有利于提高人体对钙的吸收，但也不宜多吃。

12 ▶ 吉利丁

吉利丁又称明胶或鱼胶，是由动物骨头提炼而成的蛋白质凝胶，分为片状和粉状两种，常用于烘焙甜点的凝固和慕斯蛋糕的制作。

13 ▶ 植物鲜奶油

植物鲜奶油，也叫作人造鲜奶油，大多数含有糖分，白色呈牛奶状，但比牛奶浓稠，通常用于打发后装饰在糕点上。

14 ▶ 淡奶油

淡奶油一般是指动物淡奶油，打发后作为蛋糕的装饰，其本身不含糖分，与牛奶相似，却比牛奶更为浓稠。奶油打发前，需在冰箱冷藏 8 小时以上。

15 ▶ 片状酥油

片状酥油是一种浓缩的淡味奶酪，其颜色形状类似黄油，其作用主要是用来制作酥皮点心。

16 ▶ 黄油

黄油是由牛奶加工而成，是将牛奶中的稀奶油和脱脂乳分离后使稀奶油成熟，并经过搅拌形成的。

17 ▶ 牛奶

牛奶是从雌性奶牛身上挤出的液体，被称为"白色血液"。其味道甘甜，含有丰富的蛋白质、乳糖、维生素、矿物质等，营养价值极高。

18 ▶ 黑巧克力

黑巧克力主要是由可可豆加工而成的产品，其味道微苦，通常用于制作蛋糕。适当食用黑巧克力可以保护心血管。

19 ▶ 白巧克力

白巧克力是由可可脂、糖、牛奶以及香料制成，是一种不含可可粉的巧克力，但含较多乳制品和糖分，可用于制作西式甜点。

20 ▶ 葡萄干

葡萄干是由葡萄晒干加工而成，味道鲜甜，不仅可以直接食用，还可以把放在糕点中加工成食品供人品尝。

21 ▶ 蔓越莓干

蔓越莓又叫作蔓越橘、小红莓，经常用于面包、糕点、饼干的制作，可以增添烘焙甜品的口感。

22 ▶ 核桃仁

核桃仁口感略甜，带有浓郁的香气，是巧克力点心的最佳伴侣。烘烤点心前先用低温将核桃仁单独烘烤 5 分钟直至溢出香气，再加入面团中，会使点心更加美味。

23 ▶ 杏仁

杏仁为蔷薇科植物杏的种子，分为甜杏仁和苦杏仁，选购时注意色泽棕黄、颗粒均匀、无臭味者为佳，青色、表面有干涩皱纹的为次品。

24 ▶ 鸡蛋

面包里加入鸡蛋不仅能增加营养，还能增加面包的风味。利用鸡蛋中的水分参与面包组织构建，可令面包柔软而美味。

材料打发和手工和面

蛋白的打发

▶ **原料**
蛋白 100 克，细砂糖 70 克

▶ **工具**
玻璃碗、电动搅拌器

▶ **做法**
1. 取一个玻璃碗，倒入备好的蛋白、细砂糖。
2. 用电动搅拌器中速打发 4 分钟，使其完全混合。
3. 打发片刻至材料完全呈现乳白色膏状即可。

全蛋的打发

▶ **原料**
鸡蛋 160 克，细砂糖 100 克

▶ **工具**
玻璃碗、电动搅拌器

▶ **做法**
1. 取一个玻璃碗，打入备好的鸡蛋，放入细砂糖。
2. 用电动搅拌器中速打发 4 分钟，使其完全混合。
3. 打发至材料完全呈现乳白色膏状即可。

黄油的打发

▶ **原料**

黄油 200 克，糖粉 100 克，蛋黄 15 克

▶ **工具**

玻璃碗、电动搅拌器

▶ **做法**

1. 取一个玻璃碗，倒入备好的糖粉和黄油。

2. 用电动搅拌器搅拌，打发至食材混合均匀。

3. 倒入蛋黄，继续打发至材料完全呈现乳白色膏状即可。

手工和面

▶ **原料**

高筋面粉 250 克，纯净水 100 毫升，细砂糖 50 克，鸡蛋 40 克，奶粉 10 克，酵母 5 克，黄油 35 克

▶ **做法**

1. 将高筋面粉倒在案板上，再用刮板刮开一个窝。然后在面窝中倒入纯净水，加入细砂糖、奶粉、酵母，打入鸡蛋。

2. 用刮板将四周的面粉向中间聚拢，搅拌。

3. 边翻搅，边用手按压揉匀材料。

4. 加入黄油，边翻搅边揉捏，使面团均匀光滑，直至有弹性即可。

基础烘焙的技巧

如何搅拌面粉？

01

搅拌，就是我们俗称的"揉面"，它的目的是使面筋形成。面粉加水以后，通过不断的搅拌，面粉中的蛋白质会渐渐聚集起来形成面筋。面筋可以包裹住酵母发酵所产生的空气，形成无数微小的气孔，经过烤焙，蛋白质凝固，形成坚固的组织，支撑起面包的结构。所以，面筋的多少决定了面包的组织是否够细腻。在面包制作过程中，面团的搅拌与面团的发酵处于同等重要的地位，影响着面包制作的成败。

打发黄油要注意什么？

02

黄油的打发要特别注意其软化程度，黄油过硬或过软都无法使空气饱含其中。黄油的最佳软化方式是提前 1～2 小时从冷藏室取出，切成小块，在室温下让其自然软化，但冬天要放在温暖的地方。将黄油软化至可用手指轻轻按压出指印便是合适的软化程度，此时在黄油中加入砂糖混合拌匀，可使空气充满其中。注意要避免黄油软化过度，一旦黄油化成液态，其特性中的乳析性就会消失，这时就算加入砂糖不断搅拌也无法使空气填满其中。

此外，打发黄油时需注意，不要尝试用隔水加热的方式使之软化，隔水加热会造成黄油化为液态，而液态黄油是无法打入空气的。

打发黄油加入鸡蛋时，必须使用室温鸡蛋，并且分次少量地加入，最重要的是每加入一次要迅速地搅打均匀，这样打好的黄油才会呈光滑的乳膏状。如果操作不当，造成油水分离，便会使得充满在黄油中的空气消失，影响到黄油膨胀的效果，导致烘烤出的蛋糕或饼干硬实而不松软。如果在搅拌过程中出现了颗粒状的黄油及

油水分离的状态，可以将原配方中的低筋面粉先挖出一大匙加入黄油中，然后再低速搅打均匀，直至还原成正常的乳膏状为止。

鲜奶油打发有什么窍门？

鲜奶油是用来装饰蛋糕与制作慕斯类甜点不可缺少的材料，打发至不同的软硬度，也有不同的用途。打发鲜奶油保持低温状态以帮助打发，尤其在炎热的夏季，冬季时则可省略。

手持搅拌器顺同一方向拌打数分钟，鲜奶油会松发成为具浓厚流质感的黏稠液体，此即所谓的六分发，这种奶油适合制作慕斯、冰激凌等甜点。而打至九分发的鲜奶油最后会完全成为固体，若用刮刀取鲜奶油，完全不会流动，九分发的鲜奶油只适合用来制作装饰挤花。

03

如何打发全蛋更容易？

全蛋打发前最好先隔水加热，因为蛋黄中所含的油脂会抑制蛋白的发泡性，隔水加热可以减少鸡蛋的表面张力，较容易打发。隔水加热时，要用冷水小火慢慢升温加热，直至水温有些微烫手即可熄火，趁着余温搅拌蛋液，让其受热均匀，而且这个时候加入砂糖也容易溶化。注意不要等水加热了再一下子将装有蛋液的碗放在热水里，这样水温稍高就会将碗边的蛋液烫熟。

另外，全蛋打发时，全蛋中的砂糖含量越高，就越容易打发，打发好的蛋液气泡也更稳定。砂糖还可以增加成品的滋润度，若是砂糖用量不足会造成打发失败或是成品口感较差。

04

基础酱料与面团的制作

卡仕达酱

▶ **原料**

蛋黄 30 克，细砂糖 30 克，纯净水 150 毫升，低筋面粉 15 克

▶ **工具**

手动搅拌器、电动搅拌器、玻璃碗、锅

▶ **做法**

1. 取一只大玻璃碗，倒入蛋黄和细砂糖，用电动搅拌器打发均匀，再加入低筋面粉搅拌均匀。

2. 锅中注入纯净水烧开，倒入一半酱料拌匀。

3. 关火后将另一半酱料倒入，再开小火，用手动搅拌器搅拌至浓稠，盛出装碗即可。

▶ **原料**

水 100 毫升，蛋糕油 5 克，糖粉 50 克，低筋面粉 100 克，奶粉 10 克

▶ **工具**

玻璃碗、电动搅拌器、长柄刮板

▶ **做法**

1. 取一大玻璃碗，加入水和糖粉，用电动搅拌器拌匀。

2. 倒入蛋糕油、奶粉、低筋面粉。

3. 将材料稍稍拌匀。

4. 开动搅拌器快速搅拌 3 分钟至材料细滑。

5. 取一小玻璃碗和长柄刮板。

6. 用长柄刮板将拌好的酱装入玻璃碗中即可。

日式乳酪酱

基础面团的制作

▶ 原料

高筋面粉 250 克

酵母 4 克

黄油 35 克

奶粉 10 克

蛋黄 15 克

细砂糖 50 克

水 100 毫升

▶ 做法

1. 把高筋面粉倒在案台上。
2. 加入酵母、奶粉，充分拌匀，用刮板开窝。
3. 倒入细砂糖、水、蛋黄。
4. 把内层高筋面粉铺进窝，让面粉充分吸收水分。
5. 将材料混合均匀。
6. 揉搓成面团，加入黄油。
7. 揉搓，让黄油充分地在面团中揉匀。
8. 揉至表面光滑，静置即可。

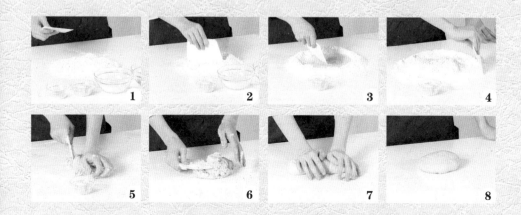

丹麦面团的制作

▶ 原料

高筋面粉 170 克

低筋面粉 30 克

黄油 20 克

鸡蛋 40 克

片状酥油 70 克

清水 80 毫升

细砂糖 50 克

酵母 4 克

奶粉 20 克

▶ 做法

1. 将高筋面粉、低筋面粉、奶粉、酵母倒在案台上，搅拌均匀。

2. 在中间掏一个窝，倒入细砂糖、鸡蛋，将其拌匀。

3. 倒入清水，将内侧的粉类跟水搅拌匀。

4. 倒入黄油，边翻搅边按压，制成光滑的面团。

5. 将面团擀制成长形面片，放入片状酥油。

6. 将面片覆盖，封紧四周，擀至酥油分散均匀。

7. 将擀好的面片叠成三层，放入冰箱冰冻 10 分钟。

8. 拿出面皮继续擀薄后冰冻，反复 3 次再擀薄，再将其切成大小一致的四等份，装盘即可。

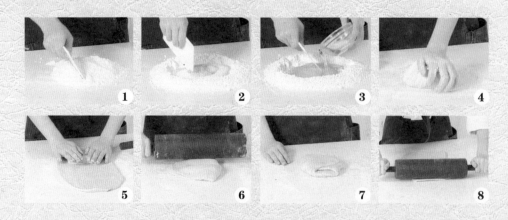

基础蛋糕体的制作

▶ 原料

糖粉 160 克

鸡蛋 220 克

低筋面粉 270 克

牛奶 40 毫升

盐 3 克

泡打粉 8 克

黄油 150 克

玛芬蛋糕体

▶ 做法

1. 将鸡蛋、糖粉、盐倒入大碗中搅拌均匀。

2. 倒入熔化的黄油，搅拌均匀。

3. 将低筋面粉、泡打粉过筛至大碗中，用电动搅拌器搅拌均匀。

4. 倒入牛奶并不停搅拌，制成面糊，然后将面糊倒入裱花袋中。

5. 把蛋糕纸杯放入烤盘中，挤入面糊至七分满。

6. 将烤盘放入烤箱中，以上火 190℃、下火 170℃烤 20 分钟，取出即成玛芬蛋糕体。

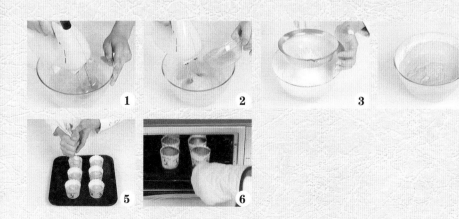

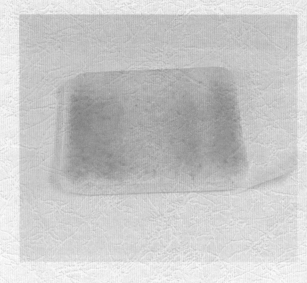

▶原料

鸡蛋 4 个

低筋面粉 125 克

细砂糖 112 克

水 50 毫升

色拉油 37 毫升

蛋糕油 10 克

海绵蛋糕体

▶做法

1. 将鸡蛋倒入碗中，倒入细砂糖搅拌均匀。

2. 加入水、低筋面粉、蛋糕油，打发至起泡。

3. 再加入色拉油，搅拌均匀，制成面糊。

4. 取出烤盘，铺上白纸，倒入面糊，用刮板将面糊抹匀。

5. 将烤盘放入烤箱中，以上火 170℃、下火 190℃烤 20 分钟至熟。

6. 取出烤盘，即成海绵蛋糕体。

▶原料

奶油芝士 150 克

黄油 60 克

牛奶 100 毫升

低筋面粉 25 克

塔塔粉 2 克

细砂糖 100 克

鸡蛋 4 个

芝士蛋糕体

▶做法

1. 鸡蛋打开，将蛋黄和蛋白分别装入两个碗中。
2. 将牛奶、奶油芝士、黄油、低筋面粉和蛋黄一起搅打均匀。
3. 蛋白打至起泡，加入细砂糖和塔塔粉搅匀。
4. 将所有材料搅匀，制成面糊。
5. 将面糊倒入模具中。
6. 再放入烤盘，进烤箱烤至呈金黄色，取出即可。

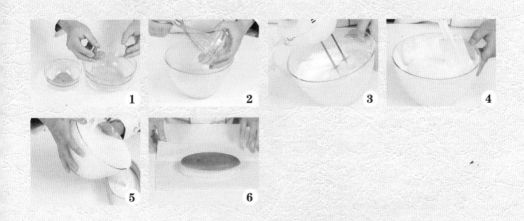

Part 2

恋恋不忘的手工饼干

饼干最适合烘焙初学者制作，因为大部分的饼干制作简单，而且很美味。饼干还有一个更大的优点，就是耐储存。本章详细介绍了手工饼干的用料、烘焙时间、工具和做法，还配有精美的图片，赶紧行动起来吧！

看视频学烘焙

「巧克力杏仁饼」

烤制时间： 15 分钟

原料 Material

黄油--------200 克

杏仁片------- 40 克

低筋面粉---275 克

可可粉------- 25 克

全蛋-----------1 个

蛋黄-----------2 个

糖粉--------150 克

工具 Tool

刮板、蛋糕刀、保
鲜膜、冰箱、烤箱

做法 Make

1. 可可粉混合低筋面粉，倒在案台上开窝。

2. 倒入黄油、糖粉，用刮板切碎。

3. 加全蛋、蛋黄，刮入混合好的材料。

4. 再搓成光滑的面团。

5. 把杏仁片加到面团里，揉搓均匀。

6. 用保鲜膜把面团包裹严实，整理成长条形，放入冰箱
冷冻 30 分钟至其变硬。

7. 把面团取出，撕去保鲜膜，用蛋糕刀把面团切成小块，
制成生坯，放入烤盘中。

8. 烤盘放入预热好的烤箱里，关上烤箱门，以上火
170℃、下火 130℃烤 15 分钟至熟。

9. 打开烤箱门，取出杏仁饼，装入盘中即可。

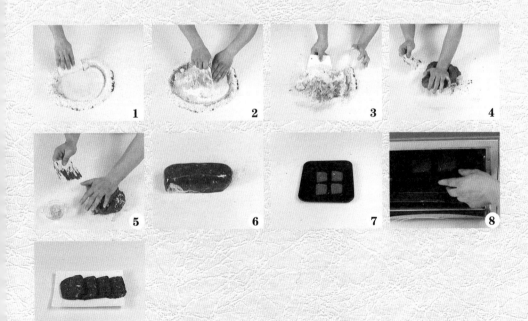

「黄油曲奇」

烤制时间：17分钟

看视频学烘焙

原料 Material

黄油---------130 克

细砂糖------- 35 克

糖粉----------65 克

香草粉--------5 克

低筋面粉---200 克

鸡蛋-----------1 个

工具 Tool

电动搅拌器、裱花嘴、长柄刮板、裱花袋、玻璃碗、剪刀、烤箱、油纸

做法 Make

1. 取一个玻璃碗，放入糖粉、黄油，用电动搅拌器打发至乳白色。

2. 加入鸡蛋搅拌，再加入细砂糖，搅拌均匀。

3. 加入香草粉、低筋面粉，充分搅拌均匀。

4. 用刮板将材料搅拌片刻。撑开裱花袋，装入裱花嘴，剪开一个小洞。

5. 用刮板将拌好的材料装入裱花袋中。

6. 在烤盘上铺上一张油纸，将裱花袋中的材料挤在烤盘上，挤出自己喜欢的形状。

7. 烤箱预热好开箱，将装有饼坯的烤盘放入，关闭好。

8. 将上火调至180℃、下火调至160℃，定时17分钟使其成形变熟，取出即可。

「白巧克力曲奇」

烤制时间: 18 分钟

看视频学烘焙

原料 Material

低筋面粉---100 克
黄油---------- 55 克
鸡蛋--------- 25 克
白巧克力---- 60 克
泡打粉-------- 2 克

工具 Tool

玻璃碗、长柄刮板、
裱花袋、烘焙纸、
烤箱

做法 Make

1. 将软化后的黄油倒入玻璃碗中，加入鸡蛋搅拌均匀。
2. 往蛋油糊中加入熔化的白巧克力进行搅拌。
3. 加入低筋面粉拌匀，再加入泡打粉充分搅拌。
4. 用长柄刮板将面糊装入裱花袋，挤到铺好烘焙纸的烤盘上即可。
5. 将烤盘放入预热好的烤箱中，以上火 180℃、下火 160℃烘烤约 18 分钟，直到表面呈现金黄色即可出炉。

「巧克力核桃曲奇」

烤制时间：15 分钟

看视频学烘焙

原料 Material

低筋面粉---225 克
糖粉--------125 克
黄油--------150 克
可可粉------ 15 克
核桃--------150 克

工具 Tool

烤箱、冰箱、擀面杖、烘焙纸、刀、玻璃碗

做法 Make

1. 烤箱通电，以上火 165℃、下火 145℃进行预热。

2. 把低筋面粉、糖粉、可可粉和黄油倒入玻璃碗搅拌均匀。

3. 加入核桃搅拌均匀，把面团放到案台上用擀面杖整形。

4. 将整形好的面团用烘焙纸包裹好，放入冰箱冷冻10分钟。

5. 取出面团，用刀切割成片状小块，放入垫有烘焙纸的烤盘中烘烤约 15 分钟即可。

「美式巧克力豆饼干」

烤制时间：20 分钟

看视频学烘焙

原料 Material

黄油---------120 克

糖粉---------- 90 克

鸡蛋---------- 50 克

低筋面粉---170 克

杏仁粉------ 50 克

泡打粉-------- 4 克

巧克力豆---100 克

工具 Tool

电动搅拌器、长柄刮板、面粉筛、高温布、烤箱、玻璃碗

做法 Make

1. 将黄油、泡打粉、80克糖粉倒入玻璃碗中，用电动搅拌器快速搅拌均匀。

2. 加入鸡蛋，搅拌均匀。

3. 将低筋面粉、杏仁粉过筛至玻璃碗中，用刮板将材料搅拌匀。

4. 制成面团。

5. 倒入巧克力豆，拌匀，并搓圆。

6. 取一小块面团，搓圆，放在铺有高温布的烤盘上，用手稍稍地压平。

7. 将烤盘放入烤箱，以上火170℃、下火170℃烤20分钟至熟。

8. 取出烤盘，将10克糖粉筛在饼干上即可。

「奶油曲奇」

烤制时间： 10 分钟

原料 Material

低筋面粉---200 克
糖粉--------- 90 克
鸡蛋----------- 1 个
黄油--------135 克
植物鲜奶油-- 适量

工具 Tool

电动搅拌器、面粉筛、长柄刮板、裱花袋、烘焙纸、烤箱、玻璃碗

做法 Make

1. 黄油加糖粉后倒入玻璃碗中，用电动搅拌器打至顺滑。

2. 鸡蛋打散，分几次加入混好的黄油内，且每一次都要打到二者完全融合，黄油发白。

3. 将低筋面粉过筛至玻璃碗中，续打发至面粉全部湿润，制成面糊。

4. 用长柄刮板把面糊装入裱花袋中。在烤盘铺一层烘焙纸，并挤入空心圆形状面糊，再放入烤箱，把烤箱温度调成上下火 200℃，烤 10 分钟至饼干上色。

5. 取出烤好的饼干，在一块饼干上放上植物鲜奶油，盖上另一块饼干压紧，依次完成剩余的饼干即可。

「摩卡曲奇」

烤制时间： 15～18 分钟

原料 Material

黄油---------- 90 克

黄糖--------- 50 克

细砂糖------- 40 克

鸡蛋----------- 1 个

低筋面粉---250 克

泡打粉--------- 2 克

盐------------- 少许

牛奶------ 10 毫升

咖啡--------- 3 毫升

核桃--------- 50 克

巧克力块---- 35 克

工具 Tool

搅拌器、面粉筛、烘培纸、刀、烤箱、冰箱、玻璃碗

做法 Make

1. 把黄油、细砂糖、鸡蛋盛到玻璃碗中，用搅拌器打散均匀。

2. 牛奶加咖啡搅拌之后放入步骤 1 的材料中，用搅拌器继续搅拌均匀。

3. 用面粉筛将低筋面粉过筛至碗中，加入泡打粉和盐，搅拌均匀。

4. 把切好的核桃、巧克力块和黄糖倒进去，搅拌均匀后倒入操作台上，用手将面糊揉搓成长圆柱状的面团。

5. 用烘培纸将面团包好，放入冰箱冷藏 1 小时以上。

6. 从冰箱中取出冷藏好的面团，用刀将其切成每个厚度为 7～8 毫米厚的面块，估量好间距，放入烤盘，再将烤盘放入预热到 170～180℃的烤箱中，烘烤 15～18 分钟，取出装入碗中即可。

看视频学烘焙

「意大利杏仁脆饼」

烤制时间： 15 分钟

原料 Material

面糊

杏仁粉------100 克

黄油----------70 克

细砂糖------40 克

全蛋----------50 克

蛋黄----------50 克

低筋面粉----35 克

可可粉------15 克

盐--------------2 克

杏仁片------80 克

蛋白霜

蛋白----------50 克

柠檬汁------1 毫升

细砂糖------40 克

工具 Tool

玻璃碗、模具、电
动搅拌器、长柄刮
板、烘焙纸、烤箱

做法 Make

1. 将黄油和 40 克细砂糖倒入玻璃碗中搅拌均匀。

2. 加入全蛋拌匀，然后倒入蛋黄进行搅拌，再倒入盐进行搅拌。

3. 加入低筋面粉搅拌，再加入杏仁粉搅拌。

4. 加入可可粉进行搅拌，然后加入大部分杏仁片拌匀后静置待用。

5. 把蛋白和 40 克细砂糖倒入另一个玻璃碗中，用电动搅拌器打出一些泡沫，然后加入柠檬汁打出尾端挺立的蛋白霜。

6. 把打好的蛋白霜大致分成两半，将一半分量的蛋白霜混入面糊中，用长柄刮板沿着盆边以翻转及切拌的方式拌匀，再将剩下的蛋白霜倒入面糊中混合均匀。

7. 将拌好的面糊倒入模具中，然后把剩余的杏仁片均匀撒在面糊上。

8. 将面糊放入已经预热好的烤箱中上火 180℃、下火 160℃烘烤约 10 分钟。

9. 把烤至半干状态的饼干取出，稍微放凉后切成块状。

10. 将切好的饼干切面朝上放入铺有烘焙纸的烤盘，饼干之间留些空隙。

11. 烤好的饼干再度放入烤箱烘烤 5 分钟至完全干燥即可。

「牛奶饼干」

烤制时间：10 分钟

看视频学烘焙

原料 Material

低筋面粉---150 克

糖粉--------- 40 克

蛋白--------- 15 克

黄油--------- 25 克

淡奶油---- 50 毫升

工具 Tool

刮板、擀面杖、烤箱、菜刀、烘焙纸

做法 Make

1. 低筋面粉倒在面板上，用刮板开窝，加入糖粉、蛋白，拌匀。

2. 加入黄油、淡奶油，将四周的粉覆盖中间，边搅拌边按压制成平滑的面团。

3. 用擀面杖把面团擀薄，制成 0.3 厘米的面片。

4. 用菜刀将面片四周切齐制成长方形的面皮。

5. 修好的面皮切成大小一致的小长方形，制成饼干生坯。

6. 去掉多余的面皮，将饼干生坯放入垫有烘焙纸的烤盘中。

7. 将烤盘放入预热好的烤箱内，关上烤箱门。

8. 将烤箱上、下火均调至160℃，定时 10 分钟至其熟透定型，取出即可。

「小西饼」

烤制时间： 15 分钟

原料 Material

黄油---------100 克

糖粉--------- 60 克

鸡蛋-----------1 个

低筋面粉---150 克

奶粉--------- 20 克

香粉-----------3 克

装饰糖粉----- 适量

工具 Tool

电动搅拌器、面粉筛、玻璃碗、擀面杖、饼模、烤箱

做法 Make

1. 将黄油和糖粉倒入玻璃碗中，用电动搅拌器打发均匀，加入鸡蛋，继续打发。

2. 用面粉筛将低筋面粉、奶粉与香粉过筛至玻璃碗中，打发匀，制成面团。

3. 用擀面杖将面团擀成面片，用饼模在面片上按压，制成小西饼生坯。

4. 将小西饼生坯放入烤盘，中间间隔一定距离。

5. 将烤盘放入烤箱，以上火 180℃、下火 160℃烤 15 分钟。

6. 从烤箱中取出烤好的小西饼，放凉，在其表面上过筛适量糖粉装饰即可。

「星星圣诞饼干」

原料 Material

低筋面粉---250克
鸡蛋-----------1个
黄油----------50克
细砂糖-------25克
蜂蜜---------35克
糖粉--------120克
姜粉----------少量
鸡蛋液-------适量
水---------30毫升

工具 Tool

刮板、星形模具、
保鲜膜、刷子、烤
箱、冰箱

做法 Make

1. 将低筋面粉倒在操作台上，用刮板开窝后，倒入糖粉、鸡蛋、细砂糖、姜粉、蜂蜜，拌匀。

2. 盖上周边的面粉，按压、揉匀。

3. 加入黄油后揉匀成团，盖上保鲜膜，放入冰箱冷藏，松弛1小时。

4. 取出松弛好的面团，擀成面片。

5. 用模具在面片上按压出星形饼坯，放入烤盘。

6. 将鸡蛋液与水混合均匀，刷在饼坯上，放入烤箱，以上、下火170℃烤10分钟，取出即可。

「蔓越莓酥条」

烤制时间： 16～18 分钟

看视频学烘焙

原料 Material

低筋面粉---- 80 克

黄油--------- 40 克

细砂糖------ 40 克

蛋黄--------- 25 克

蔓越莓干---- 30 克

泡打粉-------- 1 克

盐------------- 2 克

工具 Tool

玻璃碗、长柄刮板、刮板、砧板、烤箱、冰箱、刀、烘焙纸

做法 Make

1. 将软化后的黄油用长柄刮板刮入玻璃碗中，然后加入细砂糖拌匀。

2. 往碗中加入打散的蛋黄搅拌，接着加入盐继续搅拌。

3. 然后往蛋糊中加入低筋面粉和泡打粉，搅拌均匀。

4. 在面糊中加入适量切碎的蔓越莓干。

5. 将面糊揉成柔软的面团放在砧板上，再用刮板按压成厚约2厘米的长方形面片。

6. 将面片放入冰箱冷冻半个小时以上，直到面皮变硬方可取出。

7. 用刀将变硬的面片切成厚度一致的小条。

8. 将生坯摆放在垫好烘焙纸的烤盘上，放入预热好的烤箱中，上火180℃、下火160℃烘烤16～18分钟即可。

看视频学烘焙

「海绵小西饼」

烤制时间：8～12 分钟

原料 Material

蛋黄面糊

蛋黄--------- 25 克
细砂糖--------- 5 克
色拉油---- 10 毫升
牛奶------- 10 毫升
朗姆酒------ 1 毫升
低筋面粉---- 20 克

蛋白霜

蛋白--------- 25 克
柠檬汁------ 1 毫升
细砂糖------ 15 克

奶油馅

黄油--------- 30 克
细砂糖------ 10 克
朗姆酒------ 1 毫升

工具 Tool

玻璃碗、搅拌器、
电动搅拌器、长柄
刮板、裱花袋、烘
焙纸、烤箱

做法 Make

1. 蛋黄面糊制作一：将牛奶、色拉油倒入玻璃碗中搅拌均匀，再将朗姆酒倒入继续搅拌。

2. 蛋黄面糊制作二：往奶浆中加入蛋黄拌匀。

3. 蛋黄面糊制作三：加入细砂糖搅拌均匀，再把低筋面粉倒入，用搅拌器搅拌成无粉粒的面糊。

4. 蛋白霜制作：另置一玻璃碗，倒入蛋白和细砂糖，用电动搅拌器搅拌，将柠檬汁倒入，继续搅打成微端稍微弯曲的蛋白霜。

5. 将蛋白霜分2次倒入拌匀的面糊中，用长柄刮板由下而上翻转的方式搅拌均匀。

6. 将混合完成的面糊装入裱花袋中。

7. 将面糊挤在铺好烘焙纸的烤盘上，间隔整齐挤上圆形面糊。

8. 将烤盘放入已经预热好的烤箱中上火180℃、下火160℃烘烤8～12分钟，至饼干表面呈现黄色。

9. 奶油馅制作一：把黄油和细砂糖倒入玻璃碗中，将其搅拌成乳霜状。

10. 奶油馅制作二：加入朗姆酒继续搅拌均匀后制成奶油馅。

11. 把烤好的饼干取出完全放凉，再将奶油馅挤在两片饼干中间夹起来即可。

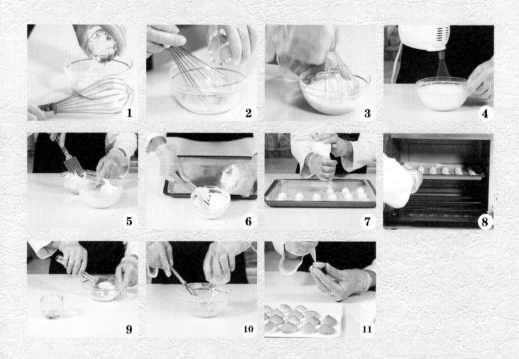

「蛋黄小饼干」

烤制时间： 15 分钟

看视频学烘焙

原料 Material

低筋面粉---- 90 克

鸡蛋-----------1 个

蛋黄-----------1 个

白糖--------- 50 克

泡打粉--------2 克

香草粉---------2 克

工具 Tool

刮板、裱花袋、烤箱、高温布

做法 Make

1. 把低筋面粉装入碗里，加入泡打粉、香草粉，拌匀。
2. 倒在案台上，用刮板开窝。
3. 倒入白糖，加入鸡蛋、蛋黄，搅匀。
4. 将材料混合均匀，和成面糊。
5. 把面糊装入裱花袋中，备用。
6. 在烤盘铺一张高温布,挤上适量面糊,挤出数个饼干生坯。
7. 将烤盘放入烤箱，以上火 170℃、下火 170℃烤 15 分钟至熟。
8. 取出烤好的饼干，装入盘中即可。

「玛格丽特饼干」

烤制时间：20 分钟

看视频学烘焙

原料 Material

低筋面粉---100 克
玉米淀粉---100 克
黄油--------120 克
熟蛋黄--------2 个
盐-------------3 克
糖粉--------- 60 克

工具 Tool

玻璃碗、长柄刮板、烤箱

做法 Make

1. 用长柄刮板将软化的黄油刮入玻璃碗中，倒入糖粉搅拌至颜色稍变浅，呈膨松状。

2. 倒入熟蛋黄搅拌均匀，再加入盐继续搅拌。分别加入低筋面粉和玉米淀粉拌匀，用手揉成面团。

3. 将面团取一小块，揉成小圆球放入烤盘，用大拇指按扁。按扁的时候，饼干会出现自然的裂纹。

4. 依次做好的所有小饼放入预热好的烤箱中，上火180℃、下火160℃烘烤约20分钟，烤至边缘稍微焦黄即可。

「坚果巧克力能量块」

烤制时间：20分钟

看视频学烘焙

原料 Material

燕麦片------100 克
黄油---------- 60 克
巧克力豆---- 10 克
杏仁---------- 15 克
腰果---------- 15 克
低筋面粉---- 30 克
细砂糖------- 10 克

工具 Tool

玻璃碗、砧板、刀、
烤箱、烘焙纸

做法 Make

1. 将软化的黄油和细砂糖倒入玻璃碗中搅拌。

2. 把巧克力豆、杏仁、腰果倒入碗中一并搅拌均匀。

3. 加入燕麦片、低筋面粉进行搅拌。

4. 将拌匀的混合物取出，再整形成长方块，压实。

5. 用刀将其均匀分块。

6. 将切好块的能量块放进铺有烘焙纸烤盘并放入预热好的烤箱中，上火180℃、下火160℃烘烤约20分钟至表面金黄色。

7. 烘烤完成后，打开烤箱取出烤盘即可。

看视频学烘焙

「双色耳朵饼干」

烤制时间：15分钟

原料 Material

黄油---------130 克
香芋色香油-- 适量
低筋面粉---205 克
糖粉----------- 65 克

工具 Tool

面粉筛、擀面杖、
烤箱、冰箱、刀、
保鲜膜、刮板

做法 Make

1. 把黄油、糖粉倒在案台上，用刮板将两者混合均匀，揉搓成面团。

2. 将低筋面粉过筛至拌好的食材上拌匀，揉搓成面团。

3. 将面团揉搓成长条，切成两半。

4. 取其中一半，压平，倒入香芋色香油，按压，揉搓成香芋面团。

5. 将香芋面团压扁，用擀面杖将另一半面团擀成薄片。

6. 放上香芋面片，按压一下，用刮板切整齐。

7. 将面皮卷成卷，揉搓成细长条。

8. 切去面团两端不平整的部分，再对半切开。

9. 取其中一半面团，用保鲜膜包好，放入冰箱，冷冻30分钟。

10. 取出冷冻好的面团，撕开保鲜膜，把一端切整齐。

11. 再切成厚度为 0.5 厘米左右的小剂子制成生坯。

12. 将生坯放入烤盘中，将烤盘放入烤箱，以上火 180℃、下火 180℃烤 15 分钟，最后取出即可。

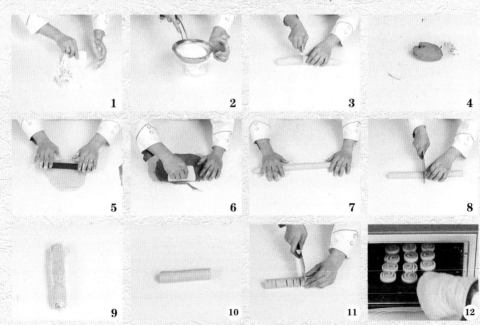

1　　2　　3　　4

5　　6　　7　　8

9　　10　　11　　12

「红糖核桃饼干」

烤制时间： 20 分钟

看视频学烘焙

原料 Material

低筋面粉---170 克
蛋白--------- 30 克
泡打粉-------- 4 克
核桃--------- 80 克
黄油--------- 60 克
红糖--------- 50 克

工具 Tool

刮板、烤箱

做法 Make

1. 将低筋面粉倒于面板上，加入泡打粉，用刮板拌匀后铺开。

2. 倒入蛋白、红糖，拌匀，倒入黄油，将面粉揉按成形，加入核桃，揉按均匀。

3. 取适量面团，按捏成数个饼干生坯。

4. 将制好的饼干生坯摆好装入烤盘，待用。

5. 打开烤箱门，将烤盘放入烤箱中。

6. 关上烤箱门，以上、下火 180℃烤约 20 分钟至熟。取出烤盘，把烤好的红糖核桃饼干装入盘中即可。

「柳橙饼干」

烤制时间： 15 分钟

看视频学烘焙

原料 Material

奶油--------120 克
糖粉--------- 60 克
鸡蛋-----------1 个
低筋面粉---200 克
杏仁粉------ 45 克
泡打粉---------2 克
橙皮末------- 适量
橙汁------- 15 毫升

工具 Tool

电动搅拌器、面粉筛、刮板、刷子、烤箱、玻璃碗

做法 Make

1. 将奶油、糖粉倒入大碗中，用电动搅拌器快速搅拌均匀；先倒入蛋白拌匀，再倒入剩下的鸡蛋拌匀。

2. 将低筋面粉、杏仁粉、泡打粉过筛至大碗中，用刮板拌匀。

3. 把搅拌好的材料倒在案台上，用手按压材料，揉搓成面团。

4. 将橙皮末放到面团上，揉搓成细长条，用刮板切出数个大小均等的小剂子。

5. 将小剂子搓成圆球，放入烤盘中，再刷上橙汁，放入烤盘中。

6. 将烤盘放入烤箱，以上火 180℃、下火 180℃烤 15 分钟至熟即可。

「椰蓉蛋酥饼干」

烤制时间： 15 分钟

看视频学烘焙

原料 Material

低筋面粉---150 克

奶粉---------- 20 克

鸡蛋----------- 2 个

盐-------------- 2 克

细砂糖------ 60 克

黄油-------- 125 克

椰蓉--------- 50 克

工具 Tool

刮板、烤箱、烘焙纸

做法 Make

1. 将低筋面粉、奶粉倒在案台上用刮板搅拌片刻，然后在中间掏一个窝。

2. 加入细砂糖、盐、鸡蛋，在中间搅拌均匀。

3. 倒入黄油，将四周的面粉覆盖上去，一边翻搅一边按压至面团混合均匀、平滑。

4. 取适量面团揉成圆形，在外圈均匀粘上椰蓉。

5. 再放入铺有烘焙纸的烤盘，轻轻压成饼状，将面团依次制成饼干生坯。

6. 将烤盘放入预热好的烤箱里，烤箱温度调成上火 180℃、下火 150℃，烤 15 分钟至定型。

7. 待 15 分钟后戴上隔热手套将烤盘取出。

8. 将烤好的饼干装入篮子中，稍放凉即可食用。

「橄榄油原味香脆饼」

烤制时间：15 分钟

原料 Material

全麦粉------100 克
橄榄油---- 20 毫升
盐--------------2 克
苏打粉--------1 克
水--------- 45 毫升

工具 Tool

擀面杖、高温布、
烤箱、刮板、刀、
叉子

做法 Make

1. 将全麦粉倒在案台上，用刮板开窝。
2. 倒入苏打粉，加入盐，搅拌均匀。
3. 加入水、橄榄油，搅拌均匀。
4. 将材料混合均匀，揉搓成面团。
5. 用擀面杖把面团擀成约 0.3 厘米厚的面皮。
6. 用刀把面皮切成长方形的饼坯。
7. 再用叉子在饼坯上扎小孔。
8. 将饼坯四周多余的面皮去掉。
9. 把饼坯放入铺有高温布的烤盘中。
10. 将烤盘放入烤箱，上、下火均调至 170℃，烤 15 分钟至熟。
11. 从烤箱内取出烤好的橄榄油原味香脆饼。
12. 将饼干装盘，放凉后即可食用。

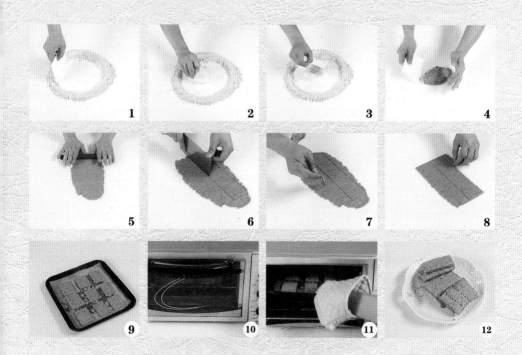

「巧克力脆棒」

烤制时间： 18 分钟

看视频学烘焙

原料 Material

黄油---------- 75 克

细砂糖------- 50 克

鸡蛋----------- 1 个

低筋面粉---110 克

可可粉------ 10 克

泡打粉-------- 1 克

巧克力豆---- 25 克

工具 Tool

玻璃碗、长柄刮板、刮板、砧板、烤箱、冰箱、刀、烘焙纸

做法 Make

1. 用长柄刮板将软化后的黄油刮入玻璃碗中，然后加入细砂糖拌匀。

2. 将鸡蛋加入黄油中，搅拌好至呈乳膏状，再加入低筋面粉。

3. 将面糊翻拌均匀后加入可可粉拌匀，接着再倒入泡打粉进行搅拌。

4. 加入巧克力豆拌匀，制成面团。

5. 将面团揉成长条，放在砧板上，然后用刮板按压成长方块。

6. 将制好的长方块面团入冰箱冷冻约 20 分钟。

7. 取出的面团变硬，切成厚片状，排放在垫有烘焙纸的烤盘上，注意中间预留空隙。

8. 将烤盘放入预热好的烤箱中上火 180℃、下火 160℃烘烤约 18 分钟后取出即可。

「花生奶油饼干」

烤制时间： 20 分钟

原料 Material

低筋面粉---100 克
鸡蛋-----------1 个
黄油--------- 65 克
花生酱------ 35 克
糖粉--------- 50 克

工具 Tool

刮板、保鲜膜、烤箱、冰箱、高温布

做法 Make

1. 操作台上倒入低筋面粉，用刮板开窝，倒入糖粉，加入鸡蛋，拌匀。

2. 倒入花生酱，拌匀，刮入面粉拌匀，倒入黄油，将混合物按压揉制成纯滑面团。

3. 将面团揉搓至粗圆条状，用保鲜膜包裹住，放入冰箱冷藏 30 分钟。

4. 取出冻好的面团，撕去保鲜膜，用刀将面团切成约 1 厘米厚的圆块，制成饼干生坯，放入铺有高温布的烤盘中。

5. 将烤箱温度调成上、下火 180℃，预热。

6. 将烤盘放入预热好的烤箱中，烤 20 分钟至熟，取出烤盘即可。

「红茶苏打饼干」

烤制时间： 10 分钟

看视频学烘焙

原料 Material

酵母------------ 3 克

水--------- 70 毫升

低筋面粉---150 克

盐-------------- 2 克

小苏打-------- 2 克

黄油---------- 30 克

红茶末-------- 5 克

工具 Tool

擀面杖、刮板、叉子、尺子、刀、烤箱、高温布

做法 Make

1. 将低筋面粉、酵母、小苏打粉、盐倒在面板上，充分混匀，在中间掏一个窝，倒入水搅拌混合均匀。

2. 加入黄油、红茶末，将所有食材混匀，制成平滑的面团。

3. 在面板上撒上些许干粉，放上面团，用擀面杖将面团擀制成 0.1 厘米厚的面皮。

4. 用菜刀将面皮四周修整齐，用尺子量好，将其切成大小一致的长方片。

5. 在烤盘内垫入高温布，将切好的面皮整齐地放入烤盘内，用叉子依次在每个面片上戳上装饰花纹。

6. 将烤盘放入烤箱内，以上、下火 200℃烤 10 分钟至饼干松脆即可。

看视频学烘焙

「罗蜜雅饼干」

烤制时间：15分钟

原料 Material

面糊部分

黄油---------- 80 克

糖粉---------- 50 克

蛋黄---------- 15 克

低筋面粉---135 克

馅料部分

糖浆---------- 30 克

黄油---------- 15 克

杏仁片-------- 适量

工具 Tool

电动搅拌器、长柄刮板、三角铁板、裱花嘴、裱花袋、玻璃碗、高温布、烤箱

做法 Make

1. 将黄油倒入玻璃碗中，加入糖粉，用电动搅拌器搅匀。

2. 加入蛋黄，快速搅匀。

3. 倒入低筋面粉，用长柄刮板搅匀，制成面糊。

4. 把面糊装入套有裱花嘴的裱花袋里，待用。

5. 将黄油、杏仁片、糖浆倒入玻璃碗，用三角铁板拌匀，制成馅料。

6. 把馅料装入裱花袋里，备用。

7. 将面糊挤在铺有高温布的烤盘里，制成饼坯。

8. 用三角铁板将饼坯中间部位压平。

9. 在饼坯的中间挤上适量馅料。

10. 把饼坯放入预热好的烤箱里。

11. 以上火 180℃、下火 150℃烤 15 分钟至熟。

12. 取出烤好的饼干，装盘即可。

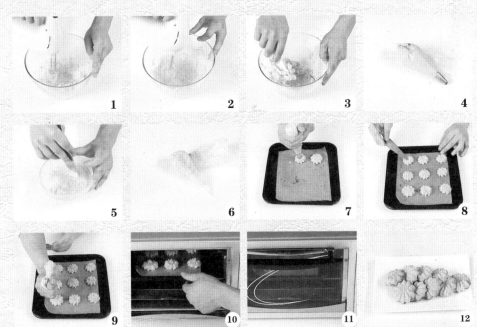

「香葱苏打饼干」

烤制时间：15分钟

看视频学烘焙

原料 Material

黄油---------- 30 克

酵母-----------4 克

盐--------------3 克

低筋面粉---165 克

牛奶------- 90 毫升

小苏打--------1 克

葱花----------- 适量

白芝麻------- 适量

工具 Tool

刮板、模具、擀面杖、叉子、烤箱

做法 Make

1. 把低筋面粉倒在案上，用刮板开窝。

2. 倒入酵母，用刮板刮匀。

3. 加入白芝麻、小苏打、盐，倒入牛奶，混合，揉搓匀。

4. 加入黄油、葱花，揉搓均匀。

5. 把面团擀成 0.3 厘米厚的面皮。

6. 用模具在面团上压出数个饼干生坯。

7. 把饼干生坯放入烤盘中，用叉子在饼干生坯上扎小孔。

8. 将烤盘放入烤箱中，以上火 170 ℃、下火 170℃烤 15 分钟至熟。

9. 取出烤盘，将饼干装入盘中即可。

看视频学烘焙

「娃娃饼干」

烤制时间：15 分钟

原料 Material

低筋面粉---110 克

黄油---------- 50 克

鸡蛋--------- 25 克

糖粉---------- 40 克

盐-------------- 2 克

巧克力液 130 毫升

工具 Tool

刮板、圆形模具、竹扦、擀面杖、高温布、烤箱

做法 Make

1. 把低筋面粉倒在案台上，再用刮板开窝。

2. 倒入糖粉、盐，加入鸡蛋，搅匀。

3. 放入黄油，将材料混合均匀，揉搓成纯滑的面团。

4. 用擀面杖把面团擀成约 0.5 厘米厚的面皮。

5. 用圆形模具在面皮上压出数个饼坯。

6. 在烤盘铺一层高温布，放入饼坯。

7. 将烤盘放入烤箱，上、下火均调至 170℃，烤 15 分钟至熟。

8. 从烤箱里取出烤好的饼干。

9. 将饼干稍稍放凉。

10. 将饼干的一部分浸入巧克力液中，弄出头发的造型。

11. 用竹扦蘸上巧克力液，在饼干上画出眼睛、鼻子和嘴巴，制成娃娃饼干。

12. 把娃娃饼干装入盘中即成。

「原味马卡龙」

烤制时间：8 分钟

看视频学烘焙

原料 Material

杏仁粉------- 60 克
糖粉--------- 125 克
蛋白--------- 50 克
淡奶油---- 30 毫升

工具 Tool

电动搅拌器、玻璃碗、裱花袋、烤箱、烘焙纸、长柄刮板

做法 Make

1. 将杏仁粉和 105 克糖粉倒入玻璃碗中混合，用电动搅拌器打成细腻的粉末。

2. 倒入 20 克蛋白，用长柄刮板反复搅拌，使得杏仁糖粉和蛋白完全混合。

3. 另置一玻璃碗，倒入 30 克蛋白和 20 克糖粉，用电动搅拌器打发至可以拉出直立的尖角。

4. 将打好的蛋白加入到杏仁糊中搅拌均匀，使其变得浓稠，每一次翻拌都要迅速地从下往上翻拌，不要画圈搅拌。

5. 将面糊装入裱花袋，挤到铺有烘焙纸的烤盘上，慢慢摊开。

6. 将烤盘放入预热好的烤箱中，上火 180℃、下火 160℃烘烤约 8 分钟。

7. 打发淡奶油。

8. 将烤好的面饼放到一边待其冷却。

9. 把打发好的淡奶油放入裱花袋中，然后将其挤在两片面饼中间，将面饼捏起来即可。

原料 Material

芝士--------250 克
鸡蛋----------- 3 个
细砂糖------- 20 克
酸奶------ 75 毫升
黄油---------- 25 克
红豆粒------- 80 克
低筋面粉---- 20 克
糖粉---------- 适量

工具 Tool

长柄刮板、面粉筛、锅、玻璃碗、电动搅拌器、烘焙纸、蛋糕刀、烤箱

做法 Make

1. 将芝士放到锅中隔水加热至熔化。

2. 取出芝士，用电动搅拌器搅拌均匀。

3. 加入细砂糖、黄油、鸡蛋，搅匀。

4. 倒入低筋面粉，搅拌均匀。

5. 放入酸奶、红豆粒，搅拌均匀。

6. 将搅拌好的材料倒入垫有烘焙纸的烤盘中，用长柄刮板抹平。

7. 将烤箱温度调至上下火 180℃，预热烤箱。

8. 将烤盘放入预热好的烤箱，烤 15 分钟至熟后取出烤好的蛋糕。

9. 将烤好的蛋糕倒扣在烘焙纸上，取走烤盘，撕去蛋糕底部的烘焙纸。

10. 将蛋糕翻面，并将蛋糕边缘修整齐。

11. 将蛋糕切成长约 4 厘米、宽约 2 厘米的块。

12. 将切好的蛋糕装入盘中，筛上适量糖粉即成。

「香醇巧克力蛋糕」

烤制时间：25分钟

看视频学烘焙

原料 Material

低筋面粉---- 85 克
可可粉------- 20 克
黄油---------- 90 克
细砂糖------- 70 克
鸡蛋---------- 80 克
泡打粉------ 2.5 克
巧克力豆---- 50 克

牛奶------- 80 毫升
糖粉---------- 少许

工具 Tool

烤箱、电动搅拌器、
玻璃碗、长柄刮板、
蛋糕模具

做法 Make

1. 将黄油放入玻璃碗，加入细砂糖，用电动搅拌器打发至质地蓬松。

2. 加入鸡蛋后继续打发，一直打发到体积明显变大，颜色变浅，鸡蛋和黄油完全融合，呈现蓬松细滑的状态为止。

3. 加入牛奶，注意牛奶只需要倒入碗里即可，不要搅拌。

4. 依次加入低筋面粉、可可粉、泡打粉，用电动搅拌器搅拌均匀。

5. 将拌匀好的原料倒入蛋糕模具内，用长柄刮板使粉类、牛奶和黄油完全混合均匀，成为湿润的面糊。

6. 将巧克力豆倒入面糊中，再次搅拌均匀，由此制成蛋糕面糊。

7. 将模具放在烤盘上，然后移入预热好的烤箱上、下火175℃烘烤25分钟。

8. 取出烤好的蛋糕，在其表面撒上糖粉即可。

「巧克力海绵蛋糕」

烤制时间：20分钟

原料 Material

鸡蛋------------6 个
细砂糖------155 克
低筋面粉---125 克
食粉---------2.5 克
牛奶-------50 毫升
色拉油----28 毫升
可可粉-------50 克

工具 Tool

电动搅拌器、玻璃碗、齿轮刀、烘焙纸、烤箱

做法 Make

1. 将鸡蛋、细砂糖倒入玻璃碗中，用电动搅拌器快速拌匀。

2. 食粉、可可粉倒入低筋面粉中，再将其倒入步骤 1 的玻璃碗中，并加入牛奶、色拉油拌成浆。

3. 将蛋糕浆倒入烤盘中，放入烤箱，将温度调成上、下火170℃，烤 20 分钟至熟

4. 将烤盘取出，倒扣在烘焙纸上，撕去粘在蛋糕上的烘焙纸。将另一半垫底的烘焙纸盖住蛋糕，将其翻面。

5. 用齿轮刀将蛋糕切成三角形状，切好的蛋糕直接装盘即成。

「蜂蜜海绵蛋糕」

烤制时间： 20 分钟

看视频学烘焙

原料 Material

鸡蛋-----------5 个
蛋黄--------- 45 克
细砂糖------130 克
盐--------------3 克
蜂蜜--------- 40 克
水--------- 40 毫升
高筋面粉---125 克

工具 Tool

电动搅拌器、蛋糕刀、烘焙纸、白纸、搅拌器、烤箱、玻璃碗、长柄刮板

做法 Make

1. 水、细砂糖倒入玻璃碗中用搅拌器拌匀。

2. 加入盐、蛋黄、鸡蛋，用电动搅拌器快速打发至起泡；倒入高筋面粉、蜂蜜，快速搅拌匀。

3. 在烤盘铺一张烘焙纸，用长柄刮板将拌好的材料倒入烤盘中，抹匀，轻摔烤盘，将材料震平。

4. 把烤箱调为上火 170℃、下火 170℃，将烤盘放入烤箱中，烤 20 分钟。

5. 取出烤盘，在案台上铺一张白纸，将烤盘倒扣在白纸一端，撕去粘在蛋糕底部的烘焙纸。

6. 把白纸另一端盖住蛋糕，将其翻面，用蛋糕刀将蛋糕两端切整齐，再切成大小均等的小方块，装入盘中，淋上适量蜂蜜。

看视频学烘焙

「熔岩蛋糕」

烤制时间：20 分钟

原料 Material

黑巧克力---- 70 克

黄油---------- 50 克

低筋面粉---- 30 克

细砂糖-------- 20 克

鸡蛋------------1 个

蛋黄------------1 个

朗姆酒------ 5 毫升

糖粉---------- 适量

工具 Tool

面粉筛、搅拌器、
刷子、模具、玻璃
碗、烤箱

做法 Make

1. 用刷子在模具内侧刷上适量黄油。

2. 模具内撒入少许低筋面粉，摇晃均匀，待用。

3. 取一玻璃碗，倒入黑巧克力，隔水加热。

4. 放入黄油，搅拌至食材溶化后关火。

5. 另取一个玻璃碗，倒入蛋黄、鸡蛋、细砂糖、朗姆酒，用搅拌器搅拌均匀。

6. 倒入低筋面粉，快速搅拌均匀。

7. 倒入溶化的黑巧克力，搅拌均匀。

8. 将拌好的材料倒入模具中，至五分满即可。

9. 将模具放入烤盘中。

10. 把烤箱调为上火 180℃、下火 200℃，预热一会。

11. 打开烤箱，放入烤盘，烤 20 分钟至熟，取出。

12. 将蛋糕脱模，装入盘中，把糖粉过筛至蛋糕上即成。

「肉松戚风蛋糕」

烤制时间： 20 分钟

看视频学烘焙

原料 Material

蛋黄---------- 50 克
细砂糖------ 100 克
色拉油---- 45 毫升
牛奶------- 45 毫升
低筋面粉---- 70 克
泡打粉--------- 1 克
盐-------------- 1 克

蛋白--------- 100 克
柠檬汁------- 1 毫升
肉松--------- 100 克

工具 Tool

烤箱、玻璃碗、搅拌器、电动搅拌器、长柄刮板、蛋糕模具

做法 Make

1. 烤箱通电，以上火170℃、下火160℃进行预热。

2. 将色拉油、牛奶和20克细砂糖倒入玻璃碗中，拌匀。

3. 加入蛋黄搅拌均匀，加入盐拌匀，再加入泡打粉搅拌均匀。

4. 加入低筋面粉并用搅拌器搅拌均匀至无颗粒。

5. 另取一只玻璃碗，在蛋白中加入80克细砂糖，用电动搅拌器打至硬性发泡，加入柠檬汁后继续搅拌。

6. 先将蛋黄糊和一半蛋白糊混合，从底往上翻拌，再倒入剩下的蛋白糊拌匀，接着倒入蛋糕模具内，用长柄刮板刮平表面。

7. 把肉松均匀地撒在面糊上。

8. 放入烤箱烤20分钟左右，烤好后马上取出倒扣凉凉以防回缩；彻底冷却后，将蛋糕倒出来即可。

「北海道戚风杯」

烤制时间：15分钟

看视频学烘焙

原料 Material

水果---------- 适量

蛋白部分

蛋白--------115 克

白糖--------110 克

塔塔粉--------1 克

蛋黄部分

蛋黄--------- 85 克

全蛋--------- 60 克

色拉油---- 60 毫升

低筋面粉---- 80 克

奶粉----------2 克

泡打粉--------2 克

盐----------- 1.5 克

工具 Tool

搅拌器、电动搅拌器、长柄刮板、蛋糕纸杯、烤箱、玻璃碗、刀

做法 Make

1. 蛋黄部分：取一个大碗，倒入全蛋、蛋黄，放入低筋面粉，用搅拌器搅匀，加入色拉油、盐、奶粉、泡打粉，搅拌匀。

2. 蛋白部分：另取一个大碗，倒入蛋白、白糖，用电动搅拌器搅匀，加入塔塔粉搅匀。

3. 把蛋白部分放入蛋黄部分中，用长柄刮板搅匀。

4. 取数个蛋糕纸杯，放在烤盘上，逐一倒入混合好的面糊，至七八分满。

5. 将烤盘放入烤箱，以上火 170℃、下火 170℃烤 15 分钟至熟。

6. 取出烤盘，将切好的水果放入烤好的蛋糕上即可。

「杏仁戚风蛋糕」

原料 Material

清水------100 毫升
色拉油----85 毫升
低筋面粉---162 克
玉米淀粉----25 克
奶香粉--------2 克
蛋黄--------125 克
蛋白--------325 克
塔塔粉--------4 克
细砂糖------188 克
杏仁片-------适量
柠檬果膏-----适量

工具 Tool

电动搅拌器、长柄
刮板、抹刀、蛋糕
刀、烘焙纸、烤箱

做法 Make

1. 把清水、色拉油、低筋面粉、玉米淀粉、奶香粉、蛋黄用长柄刮板拌成面糊，备用。

2. 把蛋白、细砂糖、塔塔粉倒在一起，用电动搅拌器打至鸡尾状，分次加入步骤 1 的面糊中拌匀，制成蛋糕糊。

3. 将蛋糕糊倒在铺有烘焙纸的烤盘上，用抹刀抹匀后撒上杏仁片。

4. 入炉以 170℃的炉温烘烤，烤 30 分钟至熟。

5. 取出烤好的蛋糕凉透后取走烘焙纸。

6. 在蛋糕表面抹上柠檬果膏，卷起，静置 30 分钟以上，再用蛋糕刀分切成小件即可。

「戚风蛋糕」

烤制时间：20 分钟

看视频学烘焙

原料 Material

蛋黄------------4 个　　蛋白------------4 个
细砂糖------100 克　　柠檬汁------1 毫升
色拉油----45 毫升
牛奶-------45 毫升
低筋面粉----70 克
泡打粉--------1 克
盐--------------1 克

工具 Tool

烤箱、玻璃碗、搅拌器、电动搅拌器、长柄刮板、蛋糕模具

做法 Make

1. 烤箱通电，以上火170℃、下火160℃进行预热。

2. 将色拉油、牛奶和20克细砂糖倒入玻璃碗中，用搅拌器搅拌均匀。

3. 加入蛋黄搅拌均匀，接着加入盐搅拌均匀，然后加入泡打粉拌匀。

4. 加入低筋面粉，并用搅拌器搅拌均匀至无面粉小颗粒。

5. 取一玻璃碗，倒入蛋白，加入80克细砂糖，用电动搅拌器打至硬性发泡，再加入柠檬汁搅拌。

6. 先将蛋黄面粉糊和一半的蛋白糊混合，从底往上翻拌均匀，再倒入另一半蛋白糊。

7. 拌匀后将蛋白糊倒入蛋糕模具，用长柄刮板使其表面平整。

8. 再放入烤箱烤20分钟左右。烤好后马上取出倒扣凉凉以防回缩；彻底冷却后，将蛋糕倒出来即可。

看视频学烘焙

「芝士蛋糕」

烤制时间：30 分钟

原料 Material

奶油芝士---200 克
牛奶------150 毫升
白糖----------60 克
巧克力酱----60 克
明胶粉-------15 克
蛋糕坯--------1 片
可可粉-------适量

工具 Tool

奶锅、搅拌器、裱
花袋、蛋糕模具、
玻璃碗、竹签、冰
箱、勺子

做法 Make

1. 取出蛋糕模具，放入蛋糕坯，待用。

2. 奶锅中倒入奶油芝士，用小火搅拌至熔化。

3. 倒入牛奶，搅拌均匀。

4. 加入白糖，搅拌至溶化。

5. 加入可可粉，搅拌均匀。

6. 关火，倒入明胶粉，搅拌均匀，制成蛋糕浆。

7. 取一空碗，倒入蛋糕浆。

8. 取出已放入蛋糕坯的蛋糕模具，倒入蛋糕浆。

9. 取出裱花袋，用勺子盛入巧克力酱。

10. 在蛋糕浆上以打圈的方式挤出巧克力酱。

11. 用竹签在巧克力酱上从中点向四周拉花，拉出花纹，然后放入冰箱冷冻 30 分钟至成形。

12. 取出冻好的蛋糕，脱模即可。

「柠檬小蛋糕」

烤制时间： 15分钟

原料 Material

蛋黄--------- 70 克

淡奶油---- 80 毫升

鲜奶------- 40 毫升

柠檬-----------1 个

面粉----------- 适量

蛋白---------- 适量

柠檬巧克力-- 适量

细砂糖------- 适量

工具 Tool

刀、搅拌器、盆、
电动搅拌器、长柄
刮板、模具、烤箱

做法 Make

1. 柠檬皮用刀切成细丝，果肉压汁，柠檬巧克力切碎熔化成浆，待用。

2. 蛋黄加细砂糖，用搅拌器打发至发白，加入淡奶油、鲜奶、面粉拌成面糊，待用。

3. 蛋白放盆中用电动搅拌器打至起泡，加柠檬汁、细砂糖，打发至鸡尾状。

4. 将蛋白糊分 2 次加入拌好的面糊中用长柄刮板拌匀，第 2 次时加入柠檬皮一起拌匀。将拌好的蛋糕浆倒入模具中，八分满即可。

5. 模具放入烤箱中，以上、下火 170℃烤 15 分钟。

6. 出炉放凉后脱模，沾上熔化的柠檬巧克力即可。

「栗子鲜奶蛋糕」

烤制时间： 30 分钟

原料 Material

红豆粒------- 80 克

蛋白--------200 克

细砂糖------100 克

低筋面粉---- 80 克

色拉油---- 70 毫升

塔塔粉---------2 克

盐--------------- 1 克

蛋黄--------100 克

牛奶------- 53 毫升

栗子馅------250 克

打发好的奶油适量

工具 Tool

电动搅拌器、烤箱、搅拌器、长柄刮板、裱花袋、裱花嘴、烘焙纸、面包刀、玻璃碗

做法 Make

1. 将色拉油、牛奶倒入碗内拌匀，边倒入低筋面粉边用长柄刮刀搅拌。

2. 倒入备好的盐，搅拌片刻，放入蛋黄，搅拌呈丝带状；待用，另取一碗，倒入蛋白，加入细砂糖、塔塔粉，打发至鸡尾状。

3. 将一部分的蛋白倒入蛋黄内，搅拌匀，再放入剩下的蛋白，搅拌匀，制成蛋糕液。

4. 烤盘内垫上烘焙纸，撒上红豆粒，倒入拌好的蛋糕液，表面抹平，再震一下烤盘。

5. 烤盘放入预热好的烤箱里，上火 155℃、下火 130℃，烤 30 分钟取出，切块。

6. 将栗子馅和打发好的奶油分别装入套有裱花嘴的裱花袋里。取一块蛋糕，挤上奶油与栗子馅，铺上另一块蛋糕，再挤上奶油与栗子馅，铺上三层，撒上装饰即可。

「板栗慕斯蛋糕」

冷冻时间：30分钟以上

原料 Material

板栗泥------100 克

蛋黄---------- 20 克

糖------------ 15 克

牛奶------- 50 毫升

吉利丁--------- 4 克

无盐奶油---- 10 克

糖粉---------- 20 克

打发淡奶油135 克

白兰地------ 3 毫升

板栗---------- 适量

巧克力片----- 适量

原味蛋糕体---1 个

巧克力棒----- 适量

巧克力旋条-- 适量

工具 Tool

搅拌器、火枪、多边形慕斯模具、裱花袋、长柄刮板、镊子、保鲜膜、冰箱、不锈钢盆、火枪

做法 Make

1. 将蛋黄、糖、牛奶放入盆中拌匀，再隔水煮，快速搅拌至浓稠。

2. 将冰水泡软的吉利丁片加入步骤1中拌至熔化。

3. 将无盐奶油放入另一盆中，加热至熔化，然后倒入板栗泥、糖粉中拌匀。

4. 将步骤3加入步骤2中拌匀。

5. 将步骤4分次加入打发的淡奶油中拌匀。

6. 将白兰地加入步骤5中拌匀，再装入裱花袋中。

7. 用保鲜膜将多边形的慕斯模底封好，放入原味蛋糕片。

8. 将步骤6中的慕斯馅挤入步骤7中的模具内，抹平，放入冰箱冷冻至凝固。

9. 取出冷藏好的蛋糕用火枪加热模具侧边，脱出模具。

10. 在慕斯表面放上各种巧克力片和板栗。

11. 在慕斯侧面贴上巧克力棒。

12. 最后在慕斯表面放上巧克力旋条装饰。

「提拉米苏」

冷冻时间： 30 分钟以上

看视频学烘焙

原料 Material

芝士糊

蛋黄------------2 个

蜂蜜------- 30 毫升

细砂糖------ 30 克

芝士--------250 克

动物性淡奶油 120 毫升

蛋糕---------- 数片

水果---------- 适量

可可粉------- 适量

咖啡酒糖液

咖啡粉--------5 克

水--------100 毫升

细砂糖------ 30 克

朗姆酒---- 35 毫升

工具 Tool

冰箱、搅拌器、电动搅拌器、裱花袋、面粉筛、长柄刮板、玻璃碗、蛋糕杯

做法 Make

1. 在玻璃碗中将芝士打散后，加入30克细砂糖，将其搅拌均匀。

2. 加入蛋黄搅拌均匀，然后加入加热好的蜂蜜，用搅拌器搅拌均匀。

3. 用电动搅拌器打发动物性淡奶油，打发好后加入芝士糊中，用长柄刮板搅拌均匀，制成芝士糊。

4. 把水烧开，然后加入咖啡粉拌匀。

5. 倒入30克细砂糖和朗姆酒搅拌均匀，制成咖啡酒糖液。

6. 蛋糕杯底放上蘸了咖啡酒糖液的蛋糕，用裱花袋把芝士糊挤入杯中约三分满。

7. 再加入蛋糕，然后倒入剩下的芝士糊约八分满，完成后移入冰箱冷冻半小时以上。

8. 取出冻好的蛋糕，筛上可可粉，最后用水果装饰就完成了。

「蓝莓玛芬蛋糕」

烤制时间： 15 分钟

看视频学烘焙

原料 Material

低筋面粉---100 克
细砂糖------- 30 克
泡打粉--------- 6 克
盐----------- 1.5 克
蛋黄--------- 15 克
牛奶------ 80 毫升
色拉油---- 30 毫升
蓝莓----------- 适量

工具 Tool

玻璃碗、电动搅拌
器、长柄刮板、烤
箱、蛋糕纸杯

做法 Make

1. 取一玻璃碗，倒入蛋黄、细砂糖，用电动搅拌器搅匀，加入盐、泡打粉、低筋面粉，用电动搅拌器搅匀。

2. 倒入色拉油，缓缓加入牛奶，不停搅拌。

3. 倒入洗净的蓝莓，搅匀，制成蛋糕浆。

4. 取数个蛋糕纸杯，用长柄刮板将拌好的蛋糕浆逐一刮入纸杯中至六分满。

5. 备好烤盘，放上装有蛋糕浆的纸杯，放入烤箱，温度调至上火 180℃、下火 160℃，烤 15 分钟至熟。

「脱脂奶水果玛芬」

烤制时间： 20 分钟

看视频学烘焙

原料 Material

盐-------------- 2 克

低筋面粉--- 140 克

细砂糖------- 60 克

脱脂牛奶 125 毫升

黄油--------- 50 克

鸡蛋----------- 1 个

什锦水果粒-- 适量

工具 Tool

玻璃碗、长柄刮板、蛋糕模具、电动搅拌器、烤箱、蛋糕纸杯

做法 Make

1. 取一玻璃碗，倒入鸡蛋、细砂糖，用电动搅拌器搅匀；加入黄油搅匀；加入盐、低筋面粉搅匀；继续加入脱脂牛奶，一边倒一边搅拌，制成蛋糕浆。

2. 备好蛋糕模具，将蛋糕纸杯放入其中。

3. 用长柄刮板将拌好的蛋糕浆逐一刮入纸杯中至七分满，制成蛋糕生坯。

4. 将什锦水果粒逐一放在蛋糕生坯上，再放入烤箱，以上、下火均为 200℃，烤 20 分钟至熟即可。

「巧克力水果蛋糕」

烤制时间：无

原料 Material

戚风蛋糕体---1 个
提子---------- 50 克
打发的植物鲜奶油
适量
黑巧克力果膏80 克
黑巧克力片- 40 克
猕猴桃--------1 个
白巧克力------2 片

工具 Tool

小刀、抹刀、蛋糕
刀、蛋糕转盘

做法 Make

1. 将洗净的猕猴桃去皮，用小刀在猕猴桃上切一圈齿轮花刀，掰成两半。

2. 依此将提子切成两瓣。

3. 把戚风蛋糕体放在转盘上，用蛋糕刀在其 2/3 处平切成两块。

4. 在切口上用抹刀抹一层植物鲜奶油，盖上另一块蛋糕。

5. 转动转盘，同时在蛋糕上涂抹植物鲜奶油，至包裹住整个蛋糕。

6. 用抹刀将奶油抹匀，倒上黑巧克力果膏，用抹刀将其裹满整个蛋糕。

7. 将蛋糕装入盘中，再置于转盘上，在蛋糕底侧粘上黑巧克力片。

8. 在蛋糕顶部放上切好的猕猴桃、提子，再插上两片白巧克力片即可。

「益力多乳酪慕斯蛋糕」

冷冻时间：30 分钟以上

原料 Material

乳酪---------125 克
益力多---118 毫升
吉利丁---------5 克
蛋清------ 35 毫升
糖------------ 35 克
水------------ 少许
打发淡奶油120 克
百利甜酒--- 3 毫升
透明果胶----- 适量
巧克力蛋糕片 1 个
巧克力片----- 适量
巧克力配件-- 适量
各种新鲜水果适量

工具 Tool

冰箱、火枪、模具、长柄刮板、保鲜膜、玻璃碗、搅拌器、电动搅拌器、不锈钢盆

做法 Make

1. 乳酪隔热水拌至软化，分次加入益力多拌匀。

2. 加入熔化的吉利丁拌匀，再隔冰水降温至 35℃待用。

3. 糖加入少许水拌匀，煮至 120℃，将糖水冲入打至五成发的蛋清中，快速打至硬性鸡尾状成意大利蛋清霜。

4. 将蛋清霜分次加入打发的淡奶油中拌匀。

5. 将步骤 2 加入步骤 4 中拌匀。

6. 再加入百利甜酒拌匀，制成慕斯馅。

7. 用保鲜膜将模具底封好，放入巧克力蛋糕片。

8. 慕斯馅倒入模具中，抹平，放入冰箱冷冻至凝固。

9. 取出冷冻好的蛋糕，用火枪加热模具侧边，脱模。

10. 在慕斯侧边贴上巧克力片，仕慕斯表面摆上各种新鲜水果并刷上透明果胶，在装饰上巧克力配件即可。

「瑞士水果卷」

烤制时间：20 分钟

原料 Material

蛋黄------------4 个
橙汁------ 50 毫升
色拉油---- 40 毫升
低筋面粉---- 70 克
玉米淀粉---- 15 克
蛋白------------4 个
细砂糖------ 40 克

动物性淡奶油 120 毫升
草莓果肉----- 适量
芒果果肉----- 适量

工具 Tool

烤箱、搅拌器、电动搅拌器、长柄刮板、裱花袋、烘焙纸、玻璃碗

做法 Make

1. 烤箱通电，以上火 170℃、下火 160℃进行 预热。

2. 在玻璃碗中倒入蛋黄、橙汁、色拉油搅拌均匀，加入低筋面粉和玉米淀粉，用搅拌器搅拌均匀。

3. 将蛋白和细砂糖倒入另一玻璃碗中，用电动搅拌器打至硬性发泡，制成蛋白霜。

4. 把蛋白霜倒一半到步骤 2 中，翻拌均匀后再倒入剩下的蛋白霜翻拌均匀，制成蛋糕糊。

5. 将做好的蛋糕糊倒入垫有烘焙纸的烤盘内，用长柄刮板将蛋糕糊刮平。

6. 将烤盘放入预热好的烤箱中，烘烤约 20 分钟，取出放凉。

7. 把动物性淡奶油打至硬性发泡，待蛋糕放凉后用裱花袋挤在蛋糕中间位置，再在蛋糕上铺上水果块。

8. 用烘焙纸将蛋糕卷起定型，定型完撕去烘焙纸，在水果卷表面以奶油、水果装饰即可。

「无水蛋糕」

烤制时间： 15 分钟

看视频学烘焙

原料 Material

低筋面粉---100 克

细砂糖------100 克

鸡蛋-----------2 个

色拉油---100 毫升

泡打粉--------- 4 克

工具 Tool

玻璃碗、电动搅拌器、刷子、烤箱、蛋糕杯

做法 Make

1. 取玻璃碗，倒入鸡蛋、细砂糖，用电动搅拌器快速搅匀。

2. 倒入低筋面粉、泡打粉，搅匀。

3. 加入色拉油，搅成纯滑的面浆。

4. 取数个蛋糕杯，逐一刷上一层色拉油。

5. 将面浆装入蛋糕杯中，装约八分满。

6. 将蛋糕杯放入烤盘中，将烤盘放入烤箱，上火调为 170℃，下火调为 170℃，烘烤 15 分钟即可。

「香杏蛋糕」

烤制时间： 20 分钟

看视频学烘焙

原料 Material

低筋面粉---150 克
高筋面粉---- 20 克
泡打粉---------3 克
蜂蜜---------- 适量
鸡蛋-----------3 个
细砂糖------110 克
色拉油---- 60 毫升
杏仁片------- 15 克
黄油液---- 60 毫升

工具 Tool

电动搅拌器、长柄
刮板、玻璃碗、刷
子、模具、烤箱

做法 Make

1. 在模具内侧刷一层黄油，再撒入少许高筋面粉，摇晃均匀。

2. 将鸡蛋倒入玻璃碗中，加入细砂糖，用电动搅拌器搅匀。

3. 加入低筋面粉、剩余的高筋面粉、泡打粉，搅成糊状，倒入色拉油，搅匀，加入黄油，搅拌成纯滑的蛋糕浆。

4. 在模具内放入少许杏仁片，用长柄刮板刮入蛋糕浆，装至八分满，再放上少许杏仁片。

5. 把模具放入烤盘，再推入预热好的烤箱。

6. 烤箱上、下火调至 170℃，烤 20 分钟至熟。

7. 取出烤好的蛋糕，给蛋糕表面刷上一层蜂蜜。

8. 给蛋糕脱模，装入盘中即可。

「咖啡慕斯蛋糕」

冷冻时间： 30 分钟以上

原料 Material

蛋黄---------- 35 克
糖------------ 65 克
乳酪--------- 125 克
吉利丁-------- 3 克
打发淡奶油 125 毫升
咖啡酒------ 8 毫升
咖啡粉-------- 5 克
糖----------- 15 克
水--------- 50 毫升
原味蛋糕体--- 1 个
可可粉------- 适量
巧克力配件-- 适量
手指饼------- 适量

工具 Tool

冰箱、火枪、模具、长柄刮板、搅拌器、电动搅拌器、裱花袋、奶油抹刀、勺子、保鲜膜、不锈钢盆、玻璃碗

做法 Make

1. 将咖啡粉和 15 克糖、50 毫升水拌匀，再煮至沸腾。

2. 冷却后，加入 3 毫升咖啡酒拌匀待用。

3. 50 克糖、少许水同煮至 118℃，将糖水冲入蛋黄中，快速搅拌至发白浓稠。

4. 乳酪隔热水拌至熔化，再将步骤 3 分次倒入其中拌匀。

5. 加入溶化的吉利丁拌匀，再隔冰水降温至 35℃。

6. 将步骤 2 分次加入打发淡奶油中拌匀，再加入 5 毫升咖啡酒拌匀，制成慕斯馅，装入裱花袋。

7. 用保鲜膜将模具底封好。

8. 用模具印一片原味蛋糕体，刷上步骤 2 的咖啡糖浆，放入模具内。

9. 挤入一半慕斯馅，放入刷有咖啡糖浆的手指饼。

10. 挤入剩余一半慕斯馅抹平，放入冰箱冷冻至凝固。

11. 用火枪加热模具侧边脱模。

12. 在慕斯表面筛上可可粉，放上各种巧克力配件。

「轻乳酪蛋糕」

烤制时间：30 ～ 45分钟

看视频学烘焙

原料 Material

奶酪---------125 克

蛋黄--------- 30 克

蛋白--------- 70 克

动物性淡奶油 50 毫升

牛奶------ 75 毫升

低筋面粉---- 30 克

细砂糖------- 50 克

工具 Tool

烤箱、电动搅拌器、长柄刮板、蛋糕模具、玻璃碗、烘焙纸、冰箱、搅拌器

做法 Make

1. 烤箱通电，以上火150℃、下火120℃进行预热。

2. 把奶酪倒入玻璃碗中稍微打散，分多次加入牛奶并搅拌均匀。

3. 加入动物性淡奶油继续搅拌，然后加入蛋黄搅拌，再加低筋面粉，用搅拌器搅拌成膏状，待用。

4. 另置一玻璃碗，将蛋白和细砂糖用电动搅拌器打发，使其在提起搅拌器后能拉出微微弯曲的尖角。

5. 将一半的蛋白加入到乳酪糊里，用长柄刮板从下向上翻拌，拌好后再倒入剩下的蛋白翻拌，制成蛋糕糊。

6. 把拌好的蛋糕糊倒入底部用烘焙纸包起来的蛋糕模具里，在桌面轻敲蛋糕模，使蛋糕糊表面平整。

7. 把蛋糕模具放入注有高约3厘米水的烤盘里，把烤盘放进预热好的烤箱里烤30～45分钟。

8. 蛋糕烤好后取出，放入冰箱冷藏1小时以上再切块食用即可。

看视频学烘焙

「香蕉蛋糕」

烤制时间: 25 分钟

原料 Material

鸡蛋----------- 2 个

细砂糖------- 90 克

水---------- 25 毫升

香蕉泥------100 克

低筋面粉---- 70 克

泡打粉--------- 1 克

食粉----------- 1 克

盐------------- 1 克

色拉油---- 50 毫升

白芝麻------- 适量

工具 Tool

玻璃碗、电动搅拌器、长柄刮板、木棍、蛋糕刀、烤箱、烘焙纸、白纸

做法 Make

1. 将鸡蛋倒入玻璃碗中, 加入细砂糖, 用电动搅拌器搅匀。

2. 加入低筋面粉、泡打粉、食粉、盐, 搅拌均匀成糊状。

3. 放入香蕉泥搅匀, 边加水边搅拌。再加入色拉油, 搅成蛋糕浆。

4. 把蛋糕浆倒入铺有烘焙纸的烤盘里, 用长柄刮板抹匀。

5. 撒上一层白芝麻。

6. 将生坯放入预热好的烤箱里, 以上火 170℃、下火170℃烤 25 分钟至熟。

7. 打开箱门, 取出烤好的蛋糕。

8. 将蛋糕倒扣在白纸上, 撕去粘在蛋糕上的烘焙纸。

9. 用木棍将白纸卷起, 把蛋糕卷成卷。

10. 摊开白纸, 用蛋糕刀将蛋糕卷两端切齐整, 再切成小段。

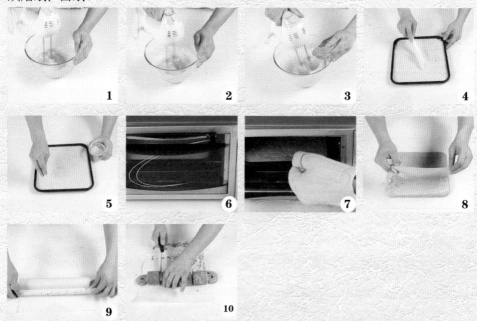

「抹茶蜜语」

烤制时间：30 分钟

看视频学烘焙

原料 Material

蛋白------------4 个	动物性淡奶油或
细砂糖------- 50 克	植脂甜点奶油 100
蛋黄------------4 个	毫升
低筋面粉---- 60 克	水果----------- 适量
抹茶粉------- 10 克	红豆---------- 适量
色拉油---- 30 毫升	糖粉---------- 适量
牛奶------- 30 毫升	

工具 Tool

烤箱、搅拌器、电动搅拌器、蛋糕模具、长柄刮板、裱花袋、面粉筛、玻璃碗

做法 Make

1. 烤箱通电，以上下火 160℃进行预热。

2. 把蛋黄、色拉油、牛奶倒入玻璃碗中，用搅拌器搅拌均匀。

3. 加入细砂糖搅拌均匀，再加入低筋面粉和抹茶粉，搅拌成黏稠的糊状。

4. 另置一玻璃碗，将蛋白和细砂糖用电动搅拌器打发至硬性发泡。

5. 将打发好的蛋白加一半到面粉糊中用长柄刮板翻拌均匀，再倒入剩下的蛋白霜翻拌。

6. 把拌好的面糊倒入蛋糕模具中，在桌面轻敲模具，使面糊表面平整。

7. 把模具放入预热好的烤箱中烘烤30分钟。

8. 烤好后将蛋糕脱模，用裱花袋将打发好的淡奶油挤在蛋糕上，筛上糖粉，用水果和红豆点缀即可。

看视频学烘焙

「玉枕蛋糕」

烤制时间： 30 分钟

原料 Material

蛋黄部分

蛋黄--------150 克

细砂糖------ 75 克

水---------- 75 毫升

低筋面粉---250 克

泡打粉--------2 克

色拉油---100 毫升

蛋白部分

蛋清--------350 克

细砂糖------150 克

盐--------------2 克

塔塔粉--------4 克

工具 Tool

搅拌器、电动搅拌器、方形模具、长柄刮板、玻璃碗、烘焙纸、烤箱

做法 Make

1. 将 75 克细砂糖倒入玻璃碗中，加入水，用搅拌器搅匀。

2. 倒入色拉油、低筋面粉、泡打粉，搅成糊状。

3. 加入蛋黄，混合均匀，搅成纯滑的面浆。

4. 把蛋清倒入另一个玻璃碗中，加入 50 克细砂糖，用电动搅拌器快速打发。

5. 加入盐，搅匀。

6. 放入塔塔粉，快速打发至鸡尾状。

7. 把打发好的蛋白部分加入到面浆里，用长柄刮板拌成纯滑的蛋糕浆。

8. 把蛋糕浆倒入铺有烘焙纸的方形模具里，倒至六分满。

9. 将模具放入预热好的烤箱。

10. 烤温调至上火 190℃、下火 170℃，烤 30 分钟至熟。

11. 从烤箱内取出烤好的蛋糕。

12. 给蛋糕脱模，撕去粘在蛋糕底部的烘焙纸，将蛋糕装盘即成。

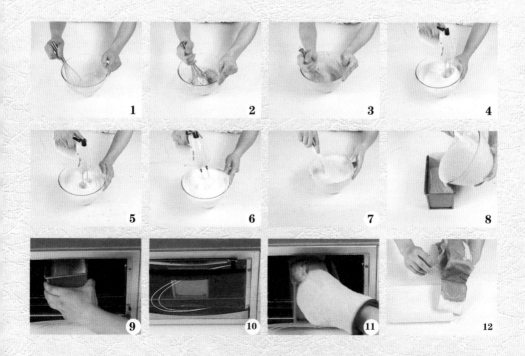

Part 4

香味四溢的松软面包

　　面包，已经成为我们日常生活中不可缺少的饮食元素了。淡淡的奶香，松软的嚼劲，跟着做法步骤，一款美味的面包即可手到擒来。

　　本章中，我们为您介绍小巧可爱又精致美味的小面包，既可以作为下午茶，又能招待朋友，何乐而不为呢？

「燕麦吐司」

烤制时间： 20 分钟

看视频学烘焙

原料 Material

高筋面粉---250 克
燕麦--------- 30 克
鸡蛋----------- 1 个
细砂糖------- 50 克
黄油--------- 35 克
酵母----------- 4 克
奶粉--------- 20 克

工具 Tool

擀面杖、方形模具、
刷子、烤箱、刮板

做法 Make

1. 把高筋面粉倒在案台上，加入燕麦、奶粉、酵母，用刮板混合均匀，用刮板开窝。

2. 倒入鸡蛋、细砂糖，加入清水、黄油，拌入混合好的高筋面粉，搓成湿面团，再揉搓成纯滑的面团，分成均等的两份。

3. 取模具，里侧四周刷上一层黄油，把两个面团放入模具中，常温下发酵 1.5 小时。

4. 生坯发酵好，约为原面皮体积的 2 倍，准备烘烤。

5. 将生坯放入烤箱中，以上火 170℃、下火 200℃烤 20 分钟即可。

6. 打开烤箱门，把烤好的燕麦吐司取出，脱掉模具，装在盘中即可。

「全麦话梅吐司」

烤制时间: 25分钟

看视频学烘焙

原料 Material

全麦面粉---250 克
高筋面粉---250 克
盐-------------5 克
酵母-----------5 克
细砂糖-----100 克
水--------200 毫升
鸡蛋-----------1 个
黄油---------70 克
话梅碎------140 克

工具 Tool

擀面杖、模具、
刮板、刷子、刀、
烤箱

做法 Make

1. 将全麦面粉、高筋面粉倒在案台上,用刮板开窝,倒入酵母、细砂糖、水、鸡蛋、黄油、盐,混合均匀,揉搓成面团。

2. 取适量面团揉匀,用擀面杖擀成面皮,撒上话梅碎,卷起面皮卷成橄榄状,切段,制成生坯。

3. 用刷子在模具内刷上一层黄油,放上生坯,常温下发酵2 个小时。

4. 将发酵好的生坯放入烤箱内,以上火 170℃、下火200℃烤 25 分钟。

「莲蓉吐司」

烤制时间：25 分钟

看视频学烘焙

原料 Material

高筋面粉---500 克
黄油---------- 70 克
奶粉---------- 20 克
细砂糖------100 克
盐-------------5 克
鸡蛋---------- 50 克
水--------200 毫升

酵母------------8 克
莲蓉馅------- 50 克
沙拉酱-------- 适量

工具 Tool

刮板、方形模具、搅拌器、裱花袋、玻璃碗、擀面杖、剪刀、小刀、刷子、烤箱、电子秤、保鲜膜

做法 Make

1. 将细砂糖、水倒入碗中，搅拌至糖溶化，待用。

2. 把高筋面粉、酵母、奶粉倒在面板上，用刮板开窝，倒入糖水混匀，并按压成形。

3. 加入鸡蛋揉成面团，拉平，加入黄油搓匀。

4. 加入适量盐，搓至纯滑，用保鲜膜将面团包好，静置10分钟去膜，称取450克的面团。

5. 将面团压平，放入莲蓉馅，包好，搓匀，用擀面杖擀薄，用小刀依次在上面划几刀。

6. 将面皮翻面，卷成卷，放入刷好黄油的方形模具中发酵。

7. 将沙拉酱装入裱花袋中，用剪刀剪开尖角，挤在面团上。

8. 以上火160℃、下火220℃预热烤箱，放入模具烤至面包熟透即可。

「原味吐司」

烤制时间：20 分钟

看视频学烘焙

原料 Material

高筋面粉---500 克

黄油--------- 70 克

奶粉--------- 20 克

细砂糖------100 克

盐-------------- 5 克

鸡蛋--------- 50 克

水--------200 毫升

酵母----------- 8 克

工具 Tool

刮板、搅拌器、玻璃碗、方形模具、刷子、烤箱、保鲜膜、电子秤

做法 Make

1. 将细砂糖、水装碗中，拌至糖溶化，待用。

2. 把高筋面粉、酵母、奶粉倒在面板上，刮板开窝后倒入糖水混匀，按压成形。

3. 加入鸡蛋，将材料混合均匀。

4. 揉搓成面团，拉平，加黄油搓匀。

5. 加入盐，揉搓成光滑的面团，用保鲜膜包好，静置 10 分钟。

6. 撕掉保鲜膜，称取一个 450 克的面团。

7. 将面团分成三等份，搓成球状，一起放入刷了黄油的方形模具中，发酵90 分钟。

8. 将烤箱温度调为上火160℃、下火220℃，预热后放入模具，烤至熟。

9. 在吐司上刷黄油，脱模装盘即可。

「蔓越莓吐司」

烤制时间： 50 分钟

原料 Material

种面

高筋面粉---700 克

酵母--------- 12 克

全蛋--------100 克

清水------350 毫升

主面

细砂糖------190 克

炼奶------100 毫升

清水------- 55 毫升

高筋面粉---300 克

奶粉--------- 30 克

食盐--------- 10 克

改良剂--------3 克

奶油--------110 克

蔓越莓丁---165 克

工具 Tool

擀面杖、发酵箱、电子秤、烤箱、厨师机、刷子

做法 Make

1. 将种面原料放入厨师机中混合拌匀，发酵 2 个小时，温度 30℃，湿度 72%。

2. 将种面与主面原料混合拌至面团光滑，放入蔓越莓丁慢速拌匀，松弛 20 分钟。

3. 把松弛好的面团分割成 250 克 / 个。将小面团滚圆后松弛 20 分钟。

4. 将小面团用擀面杖压扁擀长，卷成形，放入发酵箱里醒发 110 分钟，温度 36℃，湿度 75%。

5. 发酵好的面团入炉烘烤，上火 180℃，下火 180℃，约烤 50 分钟。

6. 面包出炉立即刷上全蛋液即可。

「香草黄油法包」

烤制时间： 10 分钟

看视频学烘焙

原料 Material

法国面包片 150 克

蒜蓉------------ 5 克

莳萝草片------ 2 克

盐-------------- 2 克

融化的黄油 - 40 克

工具 Tool

烤箱、锡纸

做法 Make

1. 将盐、蒜蓉、莳萝草片放入融化的黄油中，拌匀。

2. 把拌匀的调料均匀地抹在法国面包片上。

3. 将涂抹上调料的面包片放入垫有锡纸的烤盘中。

4. 将烤箱温度调成上火 230℃、下火 200℃。

5. 把烤盘放入烤箱，烤 10 分钟。

6. 从烤箱中取出烤盘，将烤好的面包片装入盘中即可。

「法式面包」

烤制时间：20分钟

原料 Material

鸡蛋------------1 个
黄油----------25 克
高筋面粉---260 克
酵母------------5 克
盐----------------1 克
水----------80 毫升

工具 Tool

玻璃碗、面粉筛、擀面杖、小刀、电子秤、烤箱、刮板

做法 Make

1. 将酵母、盐放入装有 250 克高筋面粉的玻璃碗中, 拌匀。

2. 将拌好的材料倒在案台上, 用刮板开窝, 放入鸡蛋、水, 按压, 拌匀。

3. 加入 20 克黄油继续按压, 拌匀。

4. 揉搓成面团, 让面团静置 10 分钟。

5. 把面团揉搓成长条形状, 用刮板把面团分成四个大小均等的小面团。

6. 将小面团用电子秤称出 2 个 100 克的面团。

7. 用擀面杖把面团擀成片。

8. 从一端开始, 卷成卷, 揉搓成条状。

9. 把面团放入烤盘, 用小刀在上面斜划两刀, 然后将面团常温下发酵 120 分钟。

10. 把少许高筋面粉过筛至发酵好的面团上, 放入适量黄油。

11. 将烤盘放入烤箱, 以上火 200℃、下火 200℃烤 20 分钟至熟, 烤好后, 取出装盘即可。

1

2

3

4

5

6

7

8

9

10

11

「天然酵母葡萄干面包」

看视频学烘焙

原料 Material

高筋面粉---450克

细砂糖------ 30克

黄油---------- 20克

水--------300毫升

葡萄干------- 适量

工具 Tool

刮板、面包杯、烤箱、保鲜膜

做法 Make

1.50 克高筋面粉和 70 毫升水揉成面糊 A，静置24 小时。

2.50 克高筋面粉加 50 毫升水揉成面糊 B，加一半面糊 A，揉成面糊 C，静置 24 小时。

3.50 克高筋面粉加 50 毫升水揉成面糊 D，加一半面糊 C，揉成面糊 E，静置 24 小时。

4.100 克高筋面粉加 70 毫升清水揉成面糊 F，加入一半面糊 E，覆上保鲜膜静置 10 小时。天然酵母制好，去掉保鲜膜。

5.200 克高筋面粉加 60 毫升水、细砂糖拌匀，刮入高筋面粉，加入黄油，揉成团。

6.取面团，加入少许天然酵母混合均匀。把面团分成两半，取一半分切成两等份的剂子。

7.将剂子搓圆，制成生坯，粘上葡萄干，放入面包杯里，待发酵。把发酵好的生坯装入烤盘。

8.烤盘放入烤箱，以上、下火 190℃烘烤 15 分钟即可。

「肉松芝士面包」

烤制时间：15分钟

原料 Material

种面

高筋面粉- 1650 克

酵母---------- 21 克

清水------850 毫升

主面

砂糖--------500 克

高筋面粉---850 克

盐------------ 25 克

全蛋--------250 克

奶粉--------100 克

奶油------265 毫升

清水---------- 适量

改良剂------- 适量

蛋糕油------- 适量

肉松馅

肉松--------150 克

白芝麻------ 30 克

奶油------ 50 毫升

其他配料

芝士条------- 适量

工具 Tool

厨师机、电子秤、发酵箱、烤箱、刨丝器、纸杯、刀、刷子、擀面杖、保鲜膜

做法 Make

1. 将种面中的所有材料倒入厨师机混合，慢速拌匀，再快速搅拌 1.5 分钟。

2. 取出种面发酵 2 小时，温度 31℃，湿度 80%。

3. 将发好的种面、砂糖、全蛋和清水倒入厨师机拌至糖溶化。

4. 再加入高筋面粉、奶粉和改良剂慢速拌匀，转快速搅拌。

5. 最后加入奶油、盐和蛋糕油慢速拌匀，快速搅拌至面筋完全扩展。

6. 取出面团，松弛 15 分钟，温度 32℃，湿度 75%。

7. 将松弛好的面团分割为 70 克 / 个，滚圆，再松弛 15 分钟。

8. 将所有肉松馅的材料混合，拌均匀即可。

9. 将面团用手压扁排气，包入肉松馅。

10. 用擀面杖擀开擀长，用刀划几刀，拉长卷起，打一个结，放入纸杯即可。

11. 卷好的面团进发酵箱醒发 75 分钟，温度 30℃，湿度 75%。醒发好的面团刷上全蛋液。

12. 再刨上芝士条，入炉，以上火 195℃、下火 165℃烘烤约 15 分钟后出炉。

「肉松面包卷」

烤制时间： 12 分钟

看视频学烘焙

原料 Material

高筋面粉---250 克	盐-------------3 克
干酵母---------2 克	细砂糖------100 克
黄油----------30 克	水---------120 毫升
鸡蛋----------30 克	鸡蛋液-------适量
牛奶-------15 毫升	
蛋黄酱-------适量	
肉松----------适量	

工具 Tool

烤箱、面包机、烘焙纸、擀面杖、裱花袋、刀、刷子

做法 Make

1. 备好面包机，依次放入水、牛奶、鸡蛋、细砂糖、高筋面粉、干酵母、盐、黄油进行和面。

2. 将发酵好的面团放在案板上，然后用擀面杖擀成长方形。

3. 把擀好的面团铺在烤盘上打孔排气，再放入烤箱发酵 1～2 个小时。

4. 把发酵好的面团上刷上鸡蛋液，并撒上肉松。

5. 再用装有蛋黄酱的裱花袋将其挤在面团上。

6. 烤箱预热，接着把成形的面团放进烤箱以上下火 170℃，下火 160℃烘烤约 12 分钟，然后取出。

7. 面包出炉后放在烘焙纸上，对半切开并挤上蛋黄酱。

8. 最后用烘焙纸卷成形即可。

「乳酪苹果面包」

原料 Material

主面

高筋面粉---750 克

低筋面粉---100 克

酵母---------- 10 克

改良剂--------- 4 克

细砂糖------ 150 克

全蛋---------- 75 克

蜂蜜------ 30 毫升

清水------ 400 毫升

食盐-----------8 克

奶油------- 90 毫升

配料

苹果丁------300 克

瓜子仁-------- 适量

乳酪馅

糖粉---------- 75 克

奶油芝士---200 克

玉米淀粉---- 21 克

奶油------- 75 毫升

鲜奶油---- 50 毫升

工具 Tool

纸杯、刷子、刀、保鲜膜、烤箱、醒发箱、电子秤、厨师机

做法 Make

1. 把主面原料放入厨师机中混合拌匀，再加入苹果丁慢速拌匀，盖上保鲜膜松弛 20 分钟。

2. 将松弛好的面团分割成 65 克 / 个，小面团滚圆至光滑，再盖上保鲜膜松弛 20 分钟。

3. 将乳酪馅的材料拌匀备用。

4. 将松弛好的小面团放入纸杯，排入烤盘，入醒发箱，醒发 75 分钟，温度 37℃，湿度 75%。

5. 取出醒发好的面团，刷上全蛋液，撒上瓜子仁。

6. 入烤箱烘烤，上火 185℃，下火 165℃，时间大约 15 分钟，将面包烤至金黄色出炉。

7. 用刀在凉透的面包中间切开，挤上拌好的乳酪馅，筛上糖粉。

「南瓜面包」

烤制时间：15 分钟

原料 Material

高筋面粉---500 克
黄油--------- 70 克
奶粉--------- 20 克
细砂糖------100 克
盐--------------5 克
鸡蛋-----------1 个
酵母-----------8 克
南瓜蓉-------适量
清水------215 毫升

工具 Tool

刮板、搅拌器、玻璃碗、擀面杖、刀、烤箱、电子秤、保鲜膜

做法 Make

1. 将细砂糖倒入碗中，加入清水，用搅拌器搅拌均匀，待用。

2. 将高筋面粉倒在案台上，加入酵母、奶粉，用刮板混匀开窝，倒入糖水，刮入面粉揉搓匀。

3. 加入鸡蛋揉搓匀，放入黄油，揉搓后加入盐，揉成光滑的面团，用保鲜膜裹好，静置 10 分钟后去掉保鲜膜。

4. 把面团搓成条状，切取一个小剂子，放在电子秤上，称取 60 克的面团，再摘成数个同等大小的小剂子，搓捏成饼，放上适量南瓜蓉，收口捏紧，搓成球状，再擀成圆饼，依此制成数个生坯。

5. 把生坯放在烤盘里，再轻轻划两刀，发酵 90 分钟。

6. 把生坯放入烤箱中，以上、下火 190℃烤 15 分钟即可。

「咖啡奶香包」

烤制时间：10 分钟

看视频学烘焙

原料 Material

高筋面粉---500 克
黄油---------- 70 克
奶粉---------- 20 克
细砂糖------100 克
盐-------------- 5 克
鸡蛋-----------1 个
水--------200 毫升

酵母-------------8 克
咖啡粉---------5 克
杏仁片------- 适量

工具 Tool

刮板、玻璃碗、蛋糕纸杯、烤箱、电子秤

做法 Make

1. 取一个碗将细砂糖加水溶化，待用。高筋面粉倒在面板上，加入酵母、奶粉，用刮板混匀开窝，再倒入糖水。

2. 混合成湿面团，加入鸡蛋，揉搓均匀，加黄油，充分混合。

3. 加入盐，搓成光滑的鸡蛋面团。

4. 用电子秤称取 240 克的面团。

5. 倒入咖啡粉与面团混匀，分切成四等份剂子。

6. 将剂子搓成球状，每个剂子再切分成 4 个小剂子，揉圆球。

7. 4 个一组，装入 4 个蛋糕纸杯中，发酵 90 分钟，撒上杏仁片。

8. 生坯入烤箱，上、下火均调为 190 ℃，烤 10 分钟，取出即可。

「甘纳和风面包」

烤制时间：15 分钟

原料 Material

种面

高筋面粉---650 克

酵母---------- 10 克

清水------350 毫升

主面

细砂糖------200 克

高筋面粉---350 克

全蛋---------- 80 克

奶粉---------- 40 克

奶油------ 90 毫升

盐、改良剂、蛋糕

油---------- 各适量

清水------150 毫升

奶油面糊

糖粉、全蛋各 40 克

奶油------ 40 毫升

低筋面粉---- 40 克

绿茶面糊

糖粉、全蛋各 40 克

奶油------ 40 毫升

低筋面粉---- 40 克

绿茶粉---------7 克

其他配料

纳豆---------- 适量

工具 Tool

裱花袋、搅拌器、烤箱、厨师机、发酵箱、勺子、电子秤

做法 Make

1. 将糖粉、奶油、全蛋、低筋面粉拌均匀即成奶油面糊，备用。

2. 将糖粉、全蛋、绿茶粉、奶油、低筋面粉拌均匀成绿茶面糊，备用。

3. 将种面的所有材料放入厨师机，慢速拌匀，再快速搅拌 2 分钟。

4. 取出面团，发酵 90 分钟，温度 31℃，湿度 80%，发酵至原面团体积的 3～4 倍。

5. 将种面、细砂糖、全蛋和清水放入厨师机，拌至糖溶化。

6. 加入高筋面粉、奶粉和改良剂慢速拌均匀，转快速搅拌至面筋扩展七八成。

7. 加入奶油、食盐、蛋糕油慢速拌匀，转快速搅拌至拉出薄膜状。

8. 基本发酵 20 分钟，温度 30℃，湿度 75%。

9. 取出面团，发酵好的面团分成 60 克/个，滚圆，再松弛 20 分钟。

10. 把松弛好的面团压扁排气，包入纳豆。

11. 排上烤盘，进发酵箱醒发 75 分钟，温度 38℃，湿度 80%。

12. 面团挤上奶油面糊和绿茶面糊，入炉，上火 185℃、下火 160℃烘烤 15 分钟烤好。

「史多伦面包」

烤制时间：15 分钟

看视频学烘焙

原料 Material

牛奶------- 80 毫升

酵母----------- 4 克

高筋面粉---200 克

黄油--------- 40 克

细砂糖------ 40 克

葡萄干------ 30 克

蔓越莓干---- 20 克

柠檬皮--------2 克

杏仁片------ 20 克

糖粉--------- 适量

工具 Tool

玻璃碗、刮板、烤箱、电子秤、面粉筛、搅拌器

做法 Make

1. 在烤箱下层放入装好水的烤盘，上火 190℃、下火 170℃预热烤箱。把高筋面粉、细砂糖、酵母倒入玻璃碗中，充分搅拌均匀。

2. 加入牛奶、黄油、柠檬皮搅拌；再加入杏仁片、蔓越莓干、葡萄干继续搅拌，制成面团。

3. 用刮板把面团分割成每份 50 克的小份，用电子秤称量好后把两份撮合在一起整形并放进烤盘。

4. 把烤盘放进烤箱发酵约 30 分钟，接着烘烤约 15 分钟。

5. 取出烤好的面包，在烤好的面包表面筛上一层糖粉装盘即可。

「西式香肠面包」

烤制时间： 25 分钟

原料 Material

高筋面粉- 1750 克
奶粉---------- 65 克
清水------850 毫升
奶油------150 毫升
酵母---------- 20 克
细砂糖------150 克
改良剂--------- 7 克
全蛋--------150 克
食盐---------- 36 克
红椒丝------- 适量
芝士丝------- 适量
沙拉酱------- 适量
蛋黄液------- 适量
香肠---------- 适量

工具 Tool

保鲜膜、醒发箱、烤箱、厨师机、电子秤、剪刀、刷子、擀面杖

做法 Make

1. 将主面原料放入厨师机中混合拌至面筋扩展，盖上保鲜膜松弛约 25 分钟，温度 30℃，湿度 80%。

2. 松弛好的面团分割成 65 克 / 个，把小面团滚圆，盖上保鲜膜松弛 20 分钟。

3. 松弛好的面团用擀面杖擀开排气，包起香肠，卷成形，用剪刀剪 5 刀。

4. 再入醒发箱，醒发 100 分钟，温度 38℃，湿度 78%。

5. 发酵的面团刷上蛋黄液，撒上红椒丝、芝士丝。

6. 挤上沙拉酱，入炉烘烤，上火 185℃，下火 160℃，烤 25 分钟左右即可出炉。

「毛毛虫面包」

烤制时间：20分钟

看视频学烘焙

原料 Material

高筋面粉---500 克
黄油--------125 克
奶粉----------- 20 克
细砂糖------100 克
盐--------------7 克
鸡蛋---------- 50 克
酵母----------- 8 克

打发鲜奶油-- 适量
低筋面粉---- 75 克
鸡蛋-----------2 个
牛奶------- 75 毫升
水--------215 毫升

工具 Tool

刮板、擀面杖、玻璃碗、裱花袋、电动搅拌器、烤箱、电子秤、蛋糕刀、剪刀、锅、保鲜膜

做法 Make

1. 将细砂糖、200 毫升水倒入玻璃碗中，搅拌至糖溶化，待用。

2. 高筋面粉、酵母、奶粉倒在案台上，用刮板开窝，倒入糖水，加入 50 克鸡蛋，混匀，揉搓成面团。

3. 面团稍微拉平，倒入 70 克黄油揉匀，加入 5 克盐，揉成光滑的面团，用保鲜膜包好，静置 10 分钟。

4. 将面团分成每个 60 克的小面团数个，再揉搓成圆形，用擀面杖将面团擀平，卷成卷，搓成长条状，放入烤盘，发酵 90 分钟。

5. 将 15 毫升水、牛奶、55 克黄油倒入锅中，拌匀，煮至熔化，接着加入 2 克盐，快速搅拌匀，关火。

6. 放入低筋面粉，拌匀，先后放入两个鸡蛋，用电动搅拌器搅匀；将材料装入裱花袋，剪开一小口，挤到面包生坯上。

7. 将烤盘放入烤箱，上火 210℃、下火 190℃烤 20 分钟。

8. 取出烤好的面包，用刀平切一个小口，在切口处抹上打发的鲜奶油。

「芝士可松面包」

烤制时间：16分钟

原料 Material

主面

高筋面粉---900 克

低筋面粉---100 克

细砂糖------ 90 克

酵母---------- 10 克

改良剂--------- 4 克

奶粉---------- 85 克

全蛋--------150 克

冰水------500 毫升

食盐---------- 15 克

奶油------ 85 毫升

酥粒

奶油------ 90 毫升

高筋面粉---- 50 克

细砂糖------ 65 克

低筋面粉---115 克

其他配料

片状酥油---500 克

沙拉酱------- 适量

芝士条------- 适量

工具 Tool

厨师机、烤箱、冰箱、擀面杖、尺子、刀、刷子、保鲜膜、裱花袋、发酵箱

做法 Make

1. 先将高筋面粉、低筋面粉、酵母、细砂糖、改良剂和奶粉放入厨师机拌匀。

2. 加入全蛋和冰水先慢速拌匀，再快速拌 2 分钟。

3. 最后加入奶油和食盐慢速拌匀，再快速拌至面团光滑。

4. 取出面团压扁成长形，用保鲜膜包好放入冰箱冷冻 30 分钟以上。

5. 取出冷冻好的面团，稍微擀开擀长，放上 500 克片状酥油。

6. 把面团油包在酥里，捏紧收口，擀开擀长。

7. 再叠三折，用保鲜膜包好放入冰箱冷藏 30 分钟以上，如此操作 3 次即可。

8. 取出面团，再次擀宽擀长，长约 7 厘米，宽 0.6 厘米，用刀切开。

9. 排好放进发酵箱醒发 60 分钟，温度 35℃，湿度 70%。

10. 把醒发好的面团刷上全蛋液。

11. 放上芝士条，挤上沙拉酱。

12. 把香酥粒原料混合成颗粒状，撒在面团上，入炉，上火 185℃，下火 160℃，烘烤约 16 分钟，烤完即可。

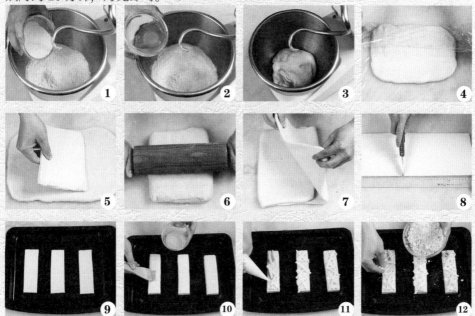

「胡萝卜营养面包」

烤制时间：13 分钟

原料 Material

高筋面粉---500 克

改良剂---------2 克

胡萝卜汁 275 毫升

胡萝卜丝--- 3.5 克

细砂糖------ 95 克

奶粉---------- 10 克

奶油------ 55 毫升

酵母----------- 6 克

全蛋--------- 50 克

食盐----------- 5 克

工具 Tool

厨师机、烤箱、发酵箱、电子秤、刷子、擀面杖

做法 Make

1. 将面团原料放入厨师机混合搅拌均匀，最后加入胡萝卜汁慢速拌匀。

2. 取出面团松弛 20 分钟，温度 30℃，湿度 80%。

3. 把松弛好的面团分成 65 克 / 个，把小面团滚圆，再松弛 20 分钟。

4. 松弛好的小面团用擀面杖擀开排气。

5. 将小面团卷成形，排入烤盘，放进发酵箱醒发 70 分钟，温度 38℃，湿度 70%。

6. 面团醒发后刷上全蛋液，再入烤箱，以上火 185℃、下火 160℃烘烤 13 分钟。

「千层面包」

烤制时间： 15 分钟

看视频学烘焙

原料 Material

酥皮

高筋面粉---170 克

低筋面粉---- 30 克

细砂糖------ 50 克

黄油--------- 20 克

奶粉--------- 12 克

盐------------- 3 克

干酵母--------- 5 克

水--------- 88 毫升

鸡蛋--------- 40 克

片状酥油---- 70 克

馅料

白糖--------- 40 克

蛋液--------- 适量

工具 Tool

刮板、玻璃碗、油纸、刷子、擀面杖、小刀、烤箱、冰箱

做法 Make

1. 在碗中将所有面粉、奶粉、干酵母、盐混匀。

2. 拌好的材料倒在面板上用刮板开窝，倒入水、细砂糖、鸡蛋、黄油混匀，揉成面团。

3. 油纸包好片状酥油擀薄，将面团擀成薄面皮，放上酥油片，再折叠擀平。

4. 将面皮折三折，放入冰箱，冷藏 10 分钟。

5. 取出面皮继续擀平，重复上述操作两次，制成酥皮。将酥皮四边修平整，切成数个小方块。

6. 取一块酥皮，刷上一层蛋液，将另一块酥皮叠在上一块酥皮表面，制成面包生坯。

7. 在生坯上刷上一层蛋液，撒上一层白糖。

8. 预热烤箱，放入生坯，以上、下火 200℃烤熟即可。

「地瓜面包」

烤制时间：20～25分钟

 原料 **Material**

面包馅

熟地瓜------300 克

蜂蜜------ 20 毫升

生奶油------1 大匙

面皮

紫色地瓜粉

10～15 克

高筋面粉---190 克

牛奶------ 70 毫升

黄油--------- 20 克

快速活性干酵母 3 克

盐-------------2 克

糖------------ 20 克

水------------ 适量

工具 **Tool**

勺子、刮板、擀面杖、筷子、保鲜膜、烤箱、玻璃碗

做法 Make

1. 把熟地瓜去皮，用勺子捣烂后用手捏烂。在捣的时候，加蜂蜜和生奶油和匀。

2. 把面皮的材料加水和匀，装碗，盖保鲜膜，放到温暖地方进行 35 ～ 40 分钟第一轮发酵。

3. 用手把面团里的气体压出来，用刮板分成 8 份，揉成球状，放到室温下进行 10 分钟左右中间发酵。

4. 中间发酵结束后，用擀面杖把面团擀开，把做好的地瓜馅舀一勺放上去。

5. 把面团捏起来，注意不要让馅漏出来。

6. 把面团做成地瓜的形状，用蘸了高筋面粉的筷子在上面戳几个洞。

7. 面团放烘焙板上，进行 40 分钟左右第二轮发酵，再放到预热至 190℃ 烤箱，烘焙 20 ～ 25 分钟。

「番茄牛角面包」

烤制时间：16分钟

原料 Material

高筋面粉---850 克

低筋面粉---100 克

细砂糖------100 克

酵母---------- 13 克

改良剂------ 3.5 克

蛋黄---------- 35 克

鲜奶------- 85 毫升

番茄汁---365 毫升

食盐---------- 16 克

奶油------- 65 毫升

片状酥油---250 克

工具 Tool

厨师机、烤箱、冰箱、醒发箱、保鲜膜、擀面杖、尺子、刀、刷子

做法 Make

1. 先将高筋面粉、低筋面粉、细砂糖、酵母、改良剂放入厨师机拌匀。

2. 加入蛋黄、鲜奶和番茄汁慢速拌匀，转快速搅拌 3 分钟。

3. 最后加入食盐和奶油慢速拌匀，快速搅拌至面团光滑。

4. 取出面团，用手压成长方形，再用保鲜膜包好放入冰箱冷冻 40 分钟以上。

5. 取出冷冻好的面团，用擀面杖擀开，放上 250 克的片状酥油，包在面团里面，再将面团擀开成长方形。

6. 面片叠成三折，放入冰箱冷藏，如此操作 3 次即可。

7. 再次擀开面片，用尺子量好约 12 厘米，斜角切开。

8. 中间划开，成等腰三角形。

9. 稍微拉长面团，卷起成形，排入烤盘放入醒发箱，醒发 60 分钟，温度 35℃，湿度 75%。

10. 醒发好的面团刷上全蛋液，入炉，上火 195℃、下火 160℃烘烤 16 分钟，烤好即可。

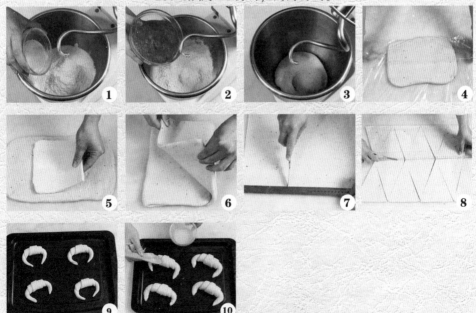

「德式小餐包」

烤制时间：10 分钟

看视频学烘焙

原料 Material

高筋面粉---500 克

黄油---------- 70 克

奶粉---------- 20 克

细砂糖------100 克

盐-------------- 5 克

鸡蛋----------- 1 个

酵母----------- 8 克

芝士粉------- 适量

清水------200 毫升

工具 Tool

保鲜膜、刮板、搅拌器、玻璃碗、烤箱、隔热手套

做法 Make

1. 将细砂糖倒入玻璃碗中，加入适量清水，用搅拌器搅拌均匀，搅成糖水待用。

2. 将高筋面粉倒在案台上，加入酵母、奶粉，用刮板混合均匀，再开窝。

3. 倒入糖水，刮入混合好的高筋面粉，混合成湿面团。接着加入鸡蛋，揉搓均匀。

4. 加入黄油，继续揉搓，充分混合，加入盐，揉搓成光滑的面团。

5. 用保鲜膜把面团包裹好，静置10分钟醒面，去掉保鲜膜。

6. 取适量面团，分成均等的两个剂子，揉捏匀，放入烤盘，均匀地撒上芝士粉，常温下发酵2小时。

7. 将烤盘放入预热好的烤箱内，关上箱门，上火调为190℃，下火调190℃，定时10分钟烤制。

8. 10分钟后，戴上隔热手套将烤盘取出，将放凉后的面包装入盘中即可。

「蜜豆面包」

烤制时间：10 ～ 12 分钟

看视频学烘焙

原料 Material

高筋面粉---250 克

干酵母--------2 克

黄油---------- 30 克

鸡蛋--------- 30 克

盐-------------- 3 克

细砂糖------100 克

牛奶------- 15 毫升

水--------120 毫升

鸡蛋液-------- 适量

红豆---------- 适量

工具 Tool

烤箱、面包机、
刷子、电子秤、
擀面杖

做法 Make

1. 备好面包机，依次放入水、牛奶、鸡蛋、细砂糖、高筋面粉、干酵母、盐、黄油，按下启动键进行和面。

2. 将面团分成重约 60 克的小份，将其分别用擀面杖擀成长扁形状。

3. 在面团上放入红豆，再将面团卷起来，让红豆包裹在面团中，放在烤盘上，移入烤箱发酵 1 ～ 2 小时。在发酵好的面团表面轻轻刷上一层鸡蛋液，再放上适量的红豆。

4. 将烤盘放入预热好的烤箱，以上火 170℃、下火 160℃烤制 10 ～ 12 分钟，至面包表面金黄即可出炉。

「红酒桂圆欧包」

烤制时间： 15 分钟

看视频学烘焙

原料 Material

高筋面粉---750 克
酵母------------6 克
蜂蜜------- 12 毫升
牛奶------120 毫升
酸奶---------120 克
红酒------260 毫升
桂圆干------- 90 克
蔓越莓干---100 克
黄油---------- 35 克
盐-------------3 克
细砂糖------- 35 克

工具 Tool

面包机、烤箱、电子秤、印花纸、面粉筛

做法 Make

1. 备好的面包机中放入高筋面粉、红酒、牛奶、酸奶、蜂蜜、酵母、细砂糖、盐、黄油，搅拌均匀。

2. 再加入桂圆干和蔓越莓干，搅拌均匀成面团。

3. 把发酵好的面团分成每个 150 克的小份，搓成小球放在烤盘上，放入烤箱醒发约 40 分钟。

4. 将醒发好的面团取出，在面团上放入印花纸，再用面粉筛筛入面粉。

5. 把面团放进预热好的烤箱中，以上火 190℃、下火 170℃烘烤约 15 分钟，至面包表面金黄即可出炉。

看视频学烘焙

「蒜香面包」

原料 Material

面团部分

高筋面粉---500 克

黄油--------- 70 克

奶粉--------- 20 克

细砂糖------100 克

盐------------- 5 克

鸡蛋----------- 1 个

水--------200 毫升

酵母----------- 8 克

馅部分

蒜泥--------- 50 克

黄油--------- 50 克

工具 Tool

刮板、搅拌器、面
包纸杯、烤箱、保
鲜膜、玻璃碗

做法 Make

1. 将细砂糖、水倒入玻璃碗中，用搅拌器搅拌至细砂糖溶化，待用。

2. 把高筋面粉、酵母、奶粉倒在案台上，用刮板开窝。

3. 倒入备好的糖水，将材料混合均匀，并按压成形。

4. 加入鸡蛋，将材料混合均匀，揉搓成面团，将面团稍微拉平，倒入 70 克黄油。

5. 揉搓均匀，加入盐，揉搓成光滑的面团，用保鲜膜将面团包好，静置 10 分钟。

6. 备一玻璃碗，倒入蒜泥、50 克黄油拌匀，蒜泥馅制成。

7. 取适量面团，分成三等份，搓圆成小面团。

8. 面团稍压扁，放入蒜泥馅。

9. 逐个搓揉均匀成面包生坯。

10. 备好面包纸杯，放入生坯，常温发酵 2 小时至原来 2 倍大。

11. 烤盘中放入生坯。

12. 将烤盘放入预热好的烤箱中，温度调至上火 190℃、下火 190℃，烤 10 分钟至熟。

「红茶面包棒」

烤制时间：20分钟

原料 Material

高筋面粉---150 克
快速活性干酵母 2 克
红茶包--------- 3 克
糖------------ 20 克
黄油--------- 20 克
盐-------------1 克
牛奶------ 90 毫升

工具 Tool

刀、玻璃碗、饭勺、
保鲜膜、擀面杖

做法 Make

1. 往碗里加高筋面粉、红茶、糖、酵母、盐和牛奶后，用饭勺搅拌均匀。

2. 面结搅拌成团后加黄油和匀，然后把面团放到案板上，反复揉扯10～15分钟。

3. 面和好后做成球状用碗盛好，盖上保鲜膜，放到温暖的地方进行35～40分钟的发酵。

4. 面团膨胀后压出气体和成球状，盖上保鲜膜，放室温下，进行10分钟左右中间发酵。

5. 中间发酵完，用擀面杖把面团擀开。烘焙后面团体积会膨胀到两倍大小，因此请斟酌好厚度。

6. 用刀把面皮切成长条。

7. 面皮移到烘焙板上，盖上保鲜膜，进行40分钟左右第二轮发酵，之后放入预热到180℃的烤箱中，烘焙20分钟左右。

「花生卷」

烤制时间： 15 分钟

原料 Material

高筋面粉---500 克

黄油---------- 70 克

奶粉---------- 20 克

细砂糖------ 100 克

盐-------------- 5 克

鸡蛋------------ 1 个

水--------- 200 毫升

酵母------------ 8 克

花生碎-------- 适量

蛋黄---------- 适量

工具 Tool

玻璃碗、搅拌器、
刮板、刷子、电子
秤、烤箱、保鲜膜

做法 Make

1. 将细砂糖、水倒入玻璃碗中，用搅拌器搅拌至细砂糖溶化，待用。

2. 把高筋面粉、酵母、奶粉倒在案台上，用刮板开窝。

3. 倒入备好的糖水，将材料混合均匀，并按压成形。

4. 加入鸡蛋，将材料混合均匀，揉搓成面团。

5. 将面团稍微拉平，倒入黄油、盐，揉搓成光滑的面团。

6. 用保鲜膜将面团包好，静置 10 分钟。

7. 将面团分成数个 60 克 / 个的小面团。

8. 把小面团揉搓成圆形，用手压扁。

9. 放入花生碎包好，揉搓成圆球，然后搓成细长条。

10. 打结，制成花生卷生坯，放入烤盘发酵 90 分钟。

11. 在发酵好的花生卷生坯上刷适量蛋黄。

12. 把烤盘放入烤箱，以上、下火 190℃烤 15 分钟，烤好后取出即可。

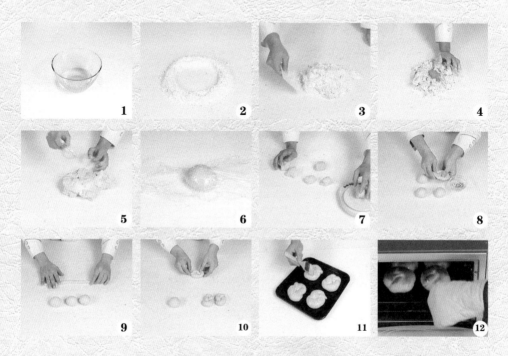

Part 5

下午茶相配的花样西点

可不要小看了小巧精致的甜点，在它们可爱诱人的外表下，背后深藏着许多值得挖掘的文化和制作工艺。

本章介绍了不同甜点的制作方法，让你不必去西饼店也能拥有属于自己的"下午茶时间"。有着自己动手制作出来的美味点心，心中的那份快乐是无法言传的！

「柠檬酸奶松饼」

烤制时间：25～30 分钟

原料 Material

黄油---------- 50 克
糖------------ 40 克
鸡蛋-----------1 个
低筋面粉---120 克
泡打粉------1 小匙
无糖原味酸奶 50 毫升

柠檬-----------1 个
糖------------ 40 克
粗盐---------- 适量
柠檬糖浆---1 小匙
水--------- 90 毫升

工具 Tool

烤箱、饭勺、长柄刮板、奶锅、松饼杯、玻璃碗、刀、面粉筛

做法 Make

1. 柠檬用粗盐涂抹切成片状，再将柠檬片放到锅里，加 40 克糖和 90 毫升水拌匀后用中火煮。

2. 煮干一半的水，关火，冷却，制成柠檬糖浆。

3. 黄油打散后加 40 克糖拌匀。

4. 把打好的鸡蛋分几次倒入黄油中并拌匀。

5. 低筋面粉和泡打粉过筛后倒进入鸡蛋、黄油糊中，用饭勺拌匀。

6. 拌得差不多的时候加柠檬糖浆和酸奶，用长柄刮刀将其搅拌均匀。

7. 将搅拌好的面糊装进松饼杯里，放入预热至 180℃ 的烤箱中，烤 25 ～ 30 分钟。

「胡桃塔」

烤制时间：50～60分钟

原料 Material

低筋面粉---- 90 克

杏仁粉------ 10 克

糖粉--------- 25 克

黄油--------- 40 克

蛋黄-----------1 个

鸡蛋-----------1 个

黄糖--------- 15 克

蜂蜜------ 15 毫升

果葡糖浆- 40 毫升

低筋面粉------ 4 克

盐------------ 少许

融化的黄油- 10 克

肉桂粉--------- 1 克

速溶咖啡----- 少许

肉桂巧克力起酥--

15～20 克

胡桃 100～200 克

工具 Tool

面粉筛、塑料袋、搅拌器、叉子、玻璃碗、烤箱、冰箱、擀面杖

做法 Make

1. 把黄油打散后加糖粉拌匀，再加蛋黄搅拌均匀。

2. 把 90 克过了筛的低筋面粉和杏仁粉加进去，搅拌均匀。

3. 把和好的面团装到拉链袋子或塑料袋里，放到冷藏室里冷藏 0.5～1 小时。

4. 把面团取出来，用擀面杖擀成厚度为 4 毫米的面皮。

5. 面皮装入模具，贴稳之后用叉子在底部戳几下，放到预热至 180℃的烤箱，烘烤 15～20 分钟后冷却。

6. 开始做填充物，在玻璃碗里把鸡蛋打好散，加黄糖、盐搅拌均匀。

7. 加果葡糖浆和蜂蜜拌匀，再加融化的黄油搅拌均匀。

8. 最后加入 4 克低筋面粉、肉桂粉和速溶咖啡，搅拌均匀。

9. 把拌匀的食材用筛子过滤 次。

10. 在冷却后的塔皮里适当地放一些胡桃和肉桂巧克力起酥，之后再倒入填充物，放到预热至 180℃的烤箱里，烘烤 35～40 分钟。

「覆盆子果冻」

烤制时间：30分钟

原料 Material

冷冻覆盆子 125 克	覆盆子果泥- 50 克
糖------------ 65 克	糖粉---------- 25 克
水--------- 50 毫升	巧克力片----- 适量
吉利丁------ 10 克	干果---------- 适量
白兰地酒（或覆盆子酒）------ 5 毫升	纸牌---------- 适量
淡奶油---- 95 毫升	

工具 Tool

面粉筛、勺子、果冻杯、电磁炉、冰箱、不锈钢盆

做法 Make

1. 将糖和水加热煮沸。

2. 将冷冻覆盆子加入步骤1中拌匀，再加热至沸腾离火。

3. 将部分泡软的吉利丁加入步骤2中拌至熔化，再加入白兰地酒拌匀。

4. 将步骤3均匀地倒入果冻杯内冻凝固备用。

5. 在加热的淡奶油中加入覆盆子果泥拌匀。

6. 将剩余泡软的吉利丁加入步骤5中拌匀。

7. 将步骤6倒入步骤4的果冻杯内八分满，放入冰箱冻凝固备用。

8. 将果冻杯拿出，装饰巧克力片、干果，并筛上糖粉，插上纸牌即可。

「三色果冻杯」

原料 Material

西柚汁---100 毫升
黑加仑汁 100 毫升
牛奶------100 毫升
糖------------- 60 克
吉利丁片---- 15 克

工具 Tool

果冻杯、电磁炉、
冰箱、勺子、不锈
钢盆

做法 Make

1. 将黑加仑汁加热至 80℃，加入 20 克糖拌至熔化。

2. 将 5 克泡软的吉利丁片加入步骤 1 中拌至溶化。

3. 将步骤 2 均匀地倒入果冻杯内，放入冰箱冻凝固备用。

4. 将牛奶加热至 80℃，加入 20 克糖拌溶化。

5. 将 5 克泡软的吉利丁片加入步骤 4 中拌至溶化，冷却至手温备用。

6. 将步骤 5 均匀地倒入步骤 3 的果冻杯内，放入冰箱冻凝固备用。

7. 将西柚汁加热至 80℃，加入 20 克糖拌至糖溶化。

8. 将 5 克泡软的吉利丁片加入步骤 7 中拌溶化，冷却至手温备用。

9. 将步骤 8 均匀地倒入步骤 6 的果冻杯内，冻凝固备用。

10. 将果冻杯拿出，装饰即可。

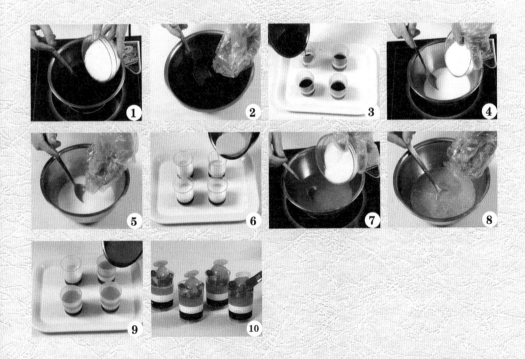

「巧克力脆皮泡芙」

烤制时间: 20分钟

原料 Material

黄油--------175 克
低筋面粉---210 克
糖粉---------90 克
可可粉-------15 克
牛奶-----110 毫升
水---------35 毫升
鸡蛋-----------2 个

工具 Tool

刮板、电动搅拌器、裱花袋、奶锅、保鲜膜、高温布、烤箱、冰箱、擀面杖

做法 Make

1. 将135克低筋面粉、可可粉、糖粉混合均匀,用刮板开窝,倒入120克黄油,揉成团,包上保鲜膜后冷藏60分钟。

2. 奶锅中放入水、牛奶、55克黄油、75克低筋面粉、鸡蛋,边煮边用电动搅拌器搅成泡芙浆。

3. 将泡芙浆装入裱花袋,挤到垫有高温布的烤盘上挤成匀等大小。取出面团,擀成0.5厘米厚的薄片成泡芙皮。

4. 将泡芙皮依次放到泡芙浆上,放入烤箱,烤20分钟即成。

「奶油泡芙」

烤制时间： 20 分钟

原料 Material

低筋面粉---- 75 克
水--------120 毫升
黄油--------- 60 克
细砂糖--------1 克
盐----------- 0.5 克
鸡蛋-----------2 个
打发鲜奶油-- 适量

工具 Tool

搅拌器、面粉筛、奶锅、锡纸、齿轮刀、烤箱、裱花嘴、裱花袋

做法 Make

1. 低筋面粉用面粉筛过筛，待用。

2. 奶锅烧热，放入黄油、水、盐和细砂糖，煮沸，再倒入过筛后的低筋面粉，拌匀成面糊，关火。

3. 鸡蛋用搅拌器打散成蛋液，分多次加入到面糊中。

4. 面糊装入套有花嘴的裱花袋中，挤在铺有锡纸的烤盘上。

5. 烤箱调至上、下火 200℃预热，放入烤盘，烤 15 分钟后将温度调至 180℃，续烤 20 分钟左右。

6. 打发好的鲜奶油装入套有花嘴的裱花袋中，待用。

7. 待泡芙冷却后用齿轮刀切开，泡芙中间挤上打发鲜奶油即可。

看视频学烘焙

「日式泡芙」

烤制时间：20 分钟

原料 Material

奶油------- 60 毫升

高筋面粉---- 60 克

鸡蛋-----------2 个

牛奶------- 60 毫升

水---------- 60 毫升

植物鲜奶油--------

-----------300 毫升

糖粉----------- 适量

工具 Tool

刮板、电动搅拌器、
三角铁板、裱花嘴、
锡纸、刀、裱花袋、
烤箱、锅

做法 Make

1. 锅放在火上加热，加水、牛奶、奶油。

2. 搅匀，关火，倒入高筋面粉，用三角铁板拌成团。

3. 打入一个鸡蛋，用电动搅拌器快速拌匀，再加入另一个鸡蛋，继续拌匀至糊状，即成泡芙浆。

4. 用刮板将泡芙浆装入裱花袋中。

5. 锡纸放烤盘上。

6. 将泡芙浆挤到锡纸上，成宝塔状。

7. 放入预热好的烤箱中，以上火 190℃、下火 200℃烤20 分钟至呈金黄色，取出烤盘。

8. 植物鲜奶油用电动搅拌器慢速搅拌 5 分钟。

9. 将打发好的植物鲜奶油装入套有花嘴的裱花袋中。

10. 用刀在泡芙卜横切一道口子。

11. 将奶油依次挤到泡芙中。

12. 再均匀撒上糖粉，即可食用。

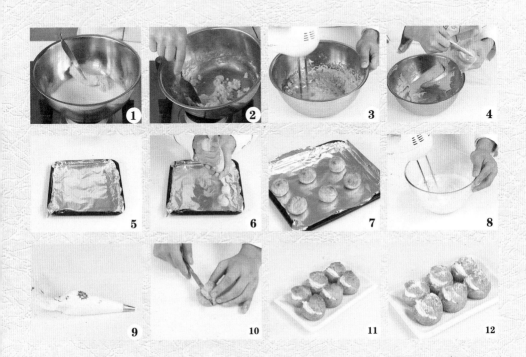

「核桃酥」

烤制时间： 15 分钟

看视频学烘焙

原料 Material

低筋面粉---500 克　　　清水------ 50 毫升
猪油--------220 克　　　烤核桃仁----- 少许
白糖--------330 克　　　蛋黄-----------2 个
鸡蛋----------1 个
臭粉--------- 3.5 克
泡打粉--------5 克
食粉-----------2 克

工具 Tool

面粉筛、刮板、刷子、烤箱

做法 Make

1. 将低筋面粉、食粉、泡打粉、臭粉混合过筛，撒在案板上，用刮板开窝。

2. 放入白糖、鸡蛋，打散。

3. 注入少许清水，慢慢地刮入低筋面粉搅拌，直至白糖溶化。

4. 再放入备好的猪油，搅拌匀，至其融于面粉中，制成面团。

5. 将面团搓成长条，分成数段，取一段面团，分成数个剂子，揉成酥皮。

6. 逐一按压出小圆孔，放入烤盘中，刷上蛋黄搅拌成的蛋液。

7. 再嵌入烤核桃仁，制成生坯。

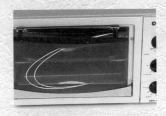

8. 将生坯放入烤箱，以上火175℃、下火180℃烤15分钟，取出，待冷却后即可食用。

看视频学烘焙

「蛋黄酥」

烤制时间：20 分钟

原料 Material

水---------100 毫升
低筋面粉---450 克
猪油---------120 克
糖粉---------- 75 克
莲蓉---------200 克
切好的咸蛋- 45 克
蛋黄液-------- 少许
芝麻---------- 少许

工具 Tool

擀面杖、刮板、刷
子、保鲜膜、烤箱、
玻璃碗

做法 Make

1. 将 250 克低筋面粉倒入碗中，加糖粉、水，和匀。

2. 放入 40 克猪油，搅拌一会儿，至面团纯滑。

3. 再包上一层保鲜膜，静置约 30 分钟，即成水皮面团。

4. 取一个碗，倒入 200 克低筋面粉，加入 80 克猪油。

5. 匀速搅拌至猪油融化、面团纯滑。

6. 用保鲜膜包好，静置 30 分钟，即成油皮面团。

7. 取出醒发好的水皮面团，撕去保鲜膜，擀薄，待用。

8. 取油皮面团撕去保鲜膜，擀成水皮的二分之一大小，放在水皮面团上包好、对折，用擀面杖多擀几次。

9. 将面皮用刮板切成两半，取其中一半擀平，卷成紧密的圆筒状，切成小剂子，压平、擀匀制成圆饼坯。

10. 取莲蓉搓成圆形压平，放入咸蛋，包好，搓圆，制成馅。

11. 将馅放入圆饼坯中，包好、收口，搓圆，制成酥坯，再刷上一层蛋黄液，撒上芝麻。

12. 烤箱调至上火 190℃、下火 200℃，烤 20 分钟，即成。

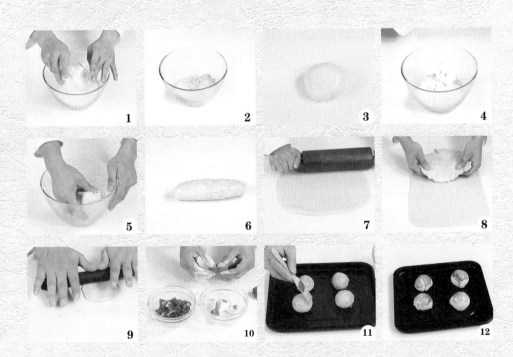

「奶油水果塔」

烤制时间：5分钟

原料 Material

饼塔皮

低筋面粉---225 克

无盐奶油---138 克

全蛋--------- 28 克

盐----------- 少许

糖粉--------- 68 克

奶油馅

牛奶------250 毫升

糖----------- 60 克

蛋黄-----------3 个

玉米粉------ 10 克

香草精------- 适量

君度酒---- 10 毫升

工具 Tool

叉子、面粉筛、模具、搅拌器、冰箱、保鲜膜、擀面杖、烤箱

做法 Make

1. 将无盐奶油加糖粉、盐拌匀，分次加入全蛋拌匀，再加入过筛的低筋面粉拌匀，即成塔皮。

2. 将步骤 1 搓成团，用保鲜膜包好，放入冰箱，冷冻约 20 分钟。

3. 将冷冻好的面团取出擀开，用模具压成圆形片，将圆形塔皮压入模具内，去掉边皮，底部叉洞。

4. 再送入烤炉用 180℃的温度烤 5 分钟左右，至塔皮成金黄色，出炉放凉备用。

5. 将蛋黄、糖、玉米粉拌匀后，加入牛奶拌匀，再隔水煮至浓稠，最后加入君度酒、香草精拌匀。

6. 将步骤 5 的馅料挤入步骤 4 的塔皮中，抹平后冷冻至凝固，脱模，装饰即可。

「椰子汁松饼」

原料 Material

黄油---------- 50 克

鸡蛋-----------1 个

低筋面粉---120 克

椰子汁---- 60 毫升

糖------------- 45 克

盐------------- 少许

泡打粉------1 小匙

椰子仁------ 20 克

工具 Tool

搅拌器、模具、面粉筛、饭勺、烤箱、刷子

做法 Make

1. 用搅拌器把黄油打散，加糖拌匀。

2. 为了使鸡蛋和黄油更好地融合在一起，先把鸡蛋打好，再一点点地加进入黄油中搅拌。

3. 加过筛好的低筋面粉、泡打粉和盐，用饭勺翻拌均匀。

4. 接着放入椰子仁搅拌。

5. 最后加椰子汁拌匀。

6. 用刷子在模具里涂上黄油，将面团填至八九分满，放入预热到180℃的烤箱，烤25～30分钟。

「无花果杏仁塔」

烤制时间：35分钟

原料 Material

塔皮

低筋面粉---250 克

无盐奶油---188 克

盐----------- 0.5 克

蛋黄--------- 10 克

牛奶------- 50 毫升

糖-------------- 5 克

内馅

无盐奶油---- 80 克

糖粉--------- 70 克

全蛋--------- 80 克

杏仁粉------ 80 克

无花果碎---- 30 克

杏仁片------ 30 克

工具 Tool

保鲜膜、冰箱、模具、刀、电动搅拌器、不锈钢盆、搅拌器、裱花袋、擀面杖

做法 Make

1. 将 188 克无盐奶油和 250 克低筋面粉、盐、糖拌匀搓成细沙状。

2. 将牛奶加入蛋黄中拌匀。

3. 将步骤 2 加入步骤 1 中拌匀揉成团，即成塔皮。

4. 把将步骤 3 用保鲜膜包住，冷藏 2 小时备用。

5. 将冷藏好的挞皮擀成 2.5 毫米厚，用模具印出。

6. 将印出的派皮压入模具内，切掉多余的边皮后备用。

7. 将 80 克无盐奶油搅拌至软，加入糖粉搅拌均匀。

8. 将全蛋分次加入步骤 7 中并拌匀。

9. 将杏仁粉和无花果碎加入步骤 8 中拌匀，即成内馅。

10. 将步骤 9 的馅料装入裱花袋中，挤入步骤 6 的模具内约八分满，并在表面撒上杏仁片。

11. 将步骤 10 放入 190℃的烤炉中烤 35 分钟左右至表面呈金黄色。

12. 出炉冷却后脱模，装饰即可。

「椰子球」

烤制时间：15分钟

看视频学烘焙

原料 Material

椰丝--------150 克
蛋白----------30 克
细砂糖-------30 克
盐--------------3 克

工具 Tool

电动搅拌器、长
柄刮板、玻璃碗、
烤箱

做法 Make

1. 将蛋白倒入玻璃碗中，用电动搅拌器快速打发。

2. 加入细砂糖，将其搅拌均匀。

3. 放入盐，快速拌匀。

4. 将椰丝倒入玻璃碗中，用长柄刮板拌匀。

5. 用手将拌好的材料捏成小圆球形，放入烤盘中。

6. 将烤箱温度上、下火均调成 170℃，放入烤盘烤 15 分钟。

7. 烤至椰球上色，取出烤好的椰子球，装入盘中即可。

「脆皮葡挞」

烤制时间: 10 分钟

原料 Material

低筋面粉---220 克
高筋面粉---- 40 克
黄油---------- 40 克
蛋黄---------- 40 克
水---------125 毫升
牛奶------125 毫升
片状酥油---180 克
细砂糖------- 适量

工具 Tool

擀面杖、面粉筛、
搅拌器、圆形模具、
蛋挞模、烘焙纸、
烤箱

做法 Make

1. 低筋面粉、高筋面粉倒入玻璃碗内，加入 5 克细砂糖、水、黄油，用搅拌器拌匀，并倒在操作台上，揉成光滑面团，静置 10 分钟。

2. 烘焙纸上放片状酥油，包好，用擀面杖擀平；将面团擀成片状酥油两倍大。

3. 酥油放在面皮上，擀薄，对折四次后冷藏 10 分钟，重复操作 3 次。取出用圆形模具压出面皮，放入蛋挞模。

4. 牛奶、细砂糖、蛋黄用搅拌器搅拌均匀，过筛两遍后入蛋挞模，放入上、下火 200℃的烤箱烤 10 分钟至熟取出。

「 椰挞 」

烤制时间：17 分钟

原料 Material

糖粉--------175 克

低筋面粉---250 克

黄油--------150 克

鸡蛋----------2 个

椰丝----------75 克

泡打粉--------2 克

色拉油---- 75 毫升

水--------- 75 毫升

吉士粉--------5 克

透明果酱---- 10 克

切好的樱桃- 10 克

工具 Tool

蛋挞模、搅拌器、
勺子、烤箱、奶锅

做法 Make

1. 将黄油、75 克糖粉用搅拌器快速拌匀。

2. 加 1 个鸡蛋、225 克低筋面粉拌匀揉成面团。将面团搓成长条，分成小剂子搓圆，粘在蛋挞模上，沿着边沿按紧。

3. 奶锅加水、100 克糖粉搅匀，用小火煮至溶化。

4. 关火后倒入色拉油、椰丝、25 克低筋面粉、吉士粉、泡打粉，加入 1 个鸡蛋拌匀成椰挞液。

5. 用勺子将椰挞液装入挞模中，至八分满即可。

6. 挞模放入上、下火 190℃的烤箱烤 17 分钟。烤好后取出脱模，刷上果酱，放上樱桃碎即可。

「草莓拿破仑酥」

烤制时间： 25～30分钟

原料 Material

千层派皮

高筋面粉---200克
低筋面粉---200克
盐------------ 20克
水------------ 适量
无盐奶油---280克

奶油馅

蛋黄-------- 2.5个
细砂糖------- 63克
低筋面粉---- 13克
玉米粉------- 13克
牛奶------250毫升
香草粉-------- 少许
草莓----------- 适量

工具 Tool

擀面杖、冰箱、烤
箱、叉子、模具、
搅拌器、保鲜膜、
电动搅拌器

做法 Make

1. 将无盐奶油冻硬，敲打成四方形备用。

2. 将高筋面粉、低筋面粉、盐和水拌匀成团。

3. 将步骤 2 用保鲜膜包起，放入冰箱冷藏约 2 小时。

4. 将步骤 3 取出擀开，将冻好的无盐奶油取出放在中央，四周对折包起。

5. 将步骤 4 再次擀开，擀成长方形，折三折，成千层派皮，用保鲜膜包住，放入冰箱静置 30 分钟备用。

6. 将步骤 5 用擀面杖擀开擀平。

7. 将步骤 6 装入烤盘，叉洞，放入 160℃烤炉烤 25 ～ 30 分钟，出炉冷却备用。

8. 蛋黄和砂糖拌匀，加入低筋面粉、玉米粉和香草粉拌匀，最后加入牛奶拌匀成奶油馅。

9. 将烤好的派皮用模具印出两片，垫入模具内，倒上一半的奶油馅。

10. 在模具内均匀地排放卜草莓，再倒入剩余的馅料至满。

11. 将另外一片派皮放入步骤 10 的模具内盖好，送入冰箱冷冻至凝固。

12. 将步骤 11 取出切长方块，装饰好即可。

「草莓牛奶布丁」

烤制时间： 15分钟

看视频学烘焙

原料 Material

牛奶------500毫升

细砂糖------40克

香草粉------10克

蛋黄------2个

鸡蛋------3个

草莓粒------20克

工具 Tool

量杯、搅拌器、面粉筛、玻璃碗、牛奶杯、锅、烤箱

做法 Make

1. 将锅置于火上，倒入牛奶，小火煮热。

2. 加入细砂糖、香草粉，改大火，拌匀，关火后移至一旁放凉。

3. 依次将鸡蛋、蛋黄倒入玻璃碗中，用搅拌器搅拌均匀。

4. 把放凉的牛奶慢慢地倒入蛋液中，边倒边搅拌。

5. 将拌好的材料用面粉筛过筛两次。

6. 把蛋奶液倒入量杯中，再倒入牛奶杯，至八分满即可。

7. 将牛奶杯放入烤盘中，烤盘中加水。

8. 将烤盘放入烤箱中，上、下火均调为 160℃，烤 15 分钟。凉凉后放入草莓粒装饰。

「香蕉布丁」

烤制时间： 40 分钟

原料 Material

奶油乳酪---100 克

糖------------- 40 克

牛奶------- 80 毫升

淡奶油---240 毫升

蛋黄-----------3 个

香草精--- 1/4 小匙

香蕉-----------2 根

光亮膏------- 适量

工具 Tool

裱花袋、电磁炉、
不锈钢盆、烤箱、
面粉筛、搅拌器、
模具、刀

做法 Make

1. 将奶油乳酪隔热水软化。

2. 将糖加入步骤 1 中搅拌至糖溶。

3. 将蛋黄分次加入步骤 2 中拌匀。

4. 将香草精加入步骤 3 中拌匀。

5. 将牛奶和淡奶油分次加入步骤 4 中拌匀。

6. 将步骤 5 隔面粉筛过滤出杂质。

7. 将步骤 6 倒入模具内八分满。

8. 将香蕉切片，放在步骤 7 的布丁液表面。

9. 将模具放入 160℃的烤炉中隔热水烤 40 分钟左右，出炉冷却。

10. 在布丁表面挤上光亮膏装饰即可。

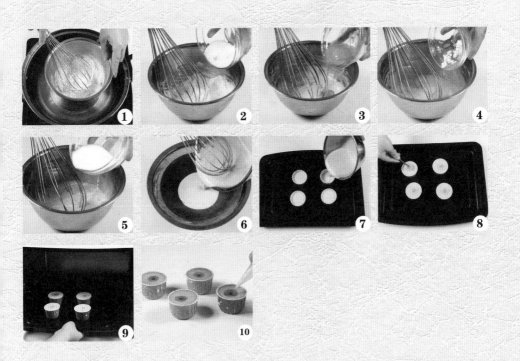

「豆奶玉米布丁」

烤制时间：8分钟

原料 Material

豆浆------300 毫升
蛋黄------------2 个
鸡蛋------------2 个
细砂糖------- 50 克
玉米酱------100 克
葡萄干-------- 适量
透明果膏----- 适量

工具 Tool

搅拌器、奶锅、面粉筛、玻璃碗、布丁杯、刷子、烤箱

做法 Make

1. 把豆浆放入奶锅中，加热至 40℃，待用。

2. 取一个碗加入鸡蛋和蛋黄，然后将鸡蛋和蛋黄用搅拌器打散，加入细砂糖，搅拌均匀，再倒入加热好的豆浆，继续搅拌均匀，制成布丁液。

3. 将布丁液用面粉筛过筛至碗中，加入玉米酱，搅拌均匀。

4. 然后倒入准备好的布丁杯中，放入烤盘，再入烤箱，以180℃隔水烤 8 分钟，至布丁液凝固。

5. 从烤箱中取出烤盘，将烤好的布丁放置一旁冷却，备用。

6. 待冷却后，放上准备好的葡萄干，用刷子在布丁表面上刷上适量的透明果酱即可。

「闪电泡芙」

烤制时间: 15 分钟

看视频学烘焙

原料 Material

牛奶------100 毫升
水--------120 毫升
黄油--------120 克
低筋面粉---- 50 克
高筋面粉---135 克
鸡蛋--------220 克
巧克力豆----- 适量
巧克力液----- 适量
盐-------------3 克
白糖--------- 10 克

工具 Tool

不锈钢盆、玻璃碗、电动搅拌器、裱花袋、裱花嘴、烤箱、高温布、剪刀

做法 Make

1. 把水倒入盆中，倒入白糖、牛奶、盐、黄油，拌匀，煮至溶化。

2. 倒入高筋面粉、低筋面粉拌匀，倒入玻璃碗中，用电动搅拌机搅拌匀，分次加入鸡蛋，并搅拌均匀。

3. 将花嘴装入裱花袋中，再剪一个小口，把拌好的材料盛入裱花袋中。

4. 在烤盘铺上高温布，将面团挤入烤盘，挤成大小适中的条状。

5. 将烤盘放入烤箱，以上火 200℃、下火 200℃烤 15 分钟至熟，取出烤好的泡芙。

6. 将烘焙纸铺在案台上，放上烤好的泡芙，倒入巧克力液，撒上巧克力豆，把成品装入盘中即可。

「旺仔小馒头」

烤制时间：15分钟

看视频学烘焙

原料 Material

玉米淀粉---130克

低筋面粉---- 20克

泡打粉-------- 3克

鸡蛋---------- 20克

奶粉--------- 20克

糖粉--------- 30克

牛奶------ 20毫升

工具 Tool

刮板、烤箱、高温布

做法 Make

1. 把玉米淀粉倒在案台上，加入低筋面粉、奶粉、泡打粉，用刮板开窝。

2. 倒入糖粉、鸡蛋，用刮板搅散，加入牛奶，搅拌均匀。

3. 将材料混合均匀，揉搓成纯滑的面团，再搓成条，取适量面团，搓成细长条。

4. 接着用刮板切成数个小剂子。

5. 把剂子搓圆，制成小馒头生坯。

6. 把小馒头生坯放入铺有高温布的烤盘中。

7. 将烤盘放入烤箱，以上火 160℃、下火 160℃烤 15 分钟至熟。

8. 取出烤好的小馒头，装入盘中即可。

看视频学烘焙

「花生酥」

烤制时间：15分钟

原料 Material

低筋面粉---500 克
猪油--------220 克
白糖--------330 克
鸡蛋---------- 1 个
臭粉-------- 3.5 克
泡打粉---------5 克
小苏打--------2 克
清水------- 50 毫升
烤花生------- 少许
蛋黄-----------2 个

工具 Tool

筛网、刮板、玻璃
碗、刷子、烤箱

做法 Make

1. 将低筋面粉、小苏打、泡打粉、臭粉倒在玻璃碗里混合均匀。

2. 倒入筛网中过筛，撒在案台上，用刮板开窝。

3. 放入白糖，打入鸡蛋，轻轻搅拌，使鸡蛋散开。

4. 注入少许清水，慢慢地刮入面粉，搅拌至糖分溶化。

5. 再放入备好的猪油，搅拌匀，至其溶于面粉中，制成面团。

6. 把面团搓成长条，分成数段。

7. 将蛋黄倒入玻璃碗中，打散、搅匀，制成蛋液。

8. 取一段面团，用刮板分成数个均等的剂子。

9. 剂子揉搓成圆形，放入烤盘，再在中间按压一个小孔。

10. 用刷子均匀地在面团上刷上一层蛋液，嵌入备好的烤花生，制成花生酥生坯。

11. 将生坯放入预热好的烤箱，以上火 175℃、下火 180℃，烤约 15 分钟至熟。

12. 断电后取出烤盘，待稍微冷却后即可食用。

「牛奶棒」

烤制时间： 15 分钟

看视频学烘焙

原料 Material

黄油---------- 70 克

奶粉---------- 60 克

鸡蛋------------ 1 个

牛奶------- 25 毫升

中筋面粉--- 250 克

细砂糖------ 80 克

泡打粉--------- 2 克

工具 Tool

刮板、保鲜膜、锡纸、烤箱、冰箱、刀、擀面杖

做法 Make

1. 中筋面粉倒在面板上，加入奶粉以及泡打粉，拌匀，开窝。

2. 倒入细砂糖、鸡蛋，注入牛奶，放入黄油。

3. 慢慢和匀，使材料混合在一起，再揉成面团。

4. 将面团压平，用保鲜膜包好，放入冰箱冷藏30分钟。

5. 取出面团，撕去保鲜膜，擀平。

6. 用刀将面皮切成1厘米左右宽的长方条。

7. 把切好的面皮放在铺有锡纸的烤盘上。

8. 烤箱预热，放入烤盘，以上火170℃、下火160℃烤15分钟至食材熟透，即可。

「黄桃派」

烤制时间：25 分钟

原料 Material

细砂糖------ 55 克
低筋面粉---200 克
牛奶------ 60 毫升
黄油--------150 克
杏仁粉------ 50 克
鸡蛋-----------1 个
黄桃肉------ 60 克

工具 Tool

刮板、搅拌器、派皮模具、保鲜膜、小刀、烤箱、冰箱

做法 Make

1. 低筋面粉倒在操作台上，用刮板开窝，倒入 5 克细砂糖、牛奶拌匀，加入 100 克黄油，用手和成面团。

2. 面团用保鲜膜包裹住，压平，冷藏 30 分钟，取出面团后撕掉保鲜膜压薄。

3. 派皮盖上底盘，放上面皮，沿着模具边缘贴紧，切去多余的面皮，压紧。

4. 将 50 克细砂糖、鸡蛋、杏仁粉、50 克黄油用搅拌器搅成糊，制成杏仁奶油馅。

5. 将杏仁奶油馅倒入模具内，至五分满，抹匀，入上、下火 180℃的烤箱中，烤 25 分钟。

6. 把烤好的派皮装盘，摆上切好的黄桃。